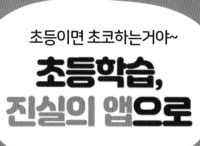

미래엔이 만든 초등 전과목 온라인 학습 플랫폼

무약정
기간 약정, 기기 약정 없이 학습 기간을 내 마음대로

모든 기기 학습 가능
내가 가지고 있는 스마트 기기로 언제 어디서나

부담 없는 교육비
교육비 부담 줄이고 초등 전 과목 학습 가능

원하는 학습을 마음대로 골라서!
초등 전과목 & 프리미엄 학습을
자유롭게 선택하세요

학교 진도에 맞춰
초등 전과목을
자기주도학습 하고 싶다면?

아이 공부 스타일에 맞춘
AI 추천 지문으로
문해력을 강화하고 싶다면?

하루 30분씩
수준별 맞춤 학습으로
수학 실력을 키우고 싶다면?

국어 수학 사회 과학 영어
전 과목 교과 학습

AI 독해력
강화솔루션

AI 수학실력
강화솔루션

Mirae N

📖 교과서 **세 자리 수**

① 백, 몇백 알아보기

● 백을 알아볼까요?

· 10이 10개이면 100입니다.
· 100은 백이라고 읽습니다.

십 모형 10개는
백 모형 1개와 같으니까
10이 10개이면 100이야.

● 몇백을 알아볼까요?

· 100이 3개이면 300입니다.
· 300은 삼백이라고 읽습니다.

100이 ▦개이면
▦00이야.

1~4 수 모형이 나타내는 수를 ▢ 안에 써넣으세요.

1

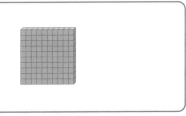

▢

3

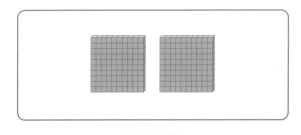

▢

2

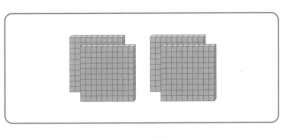

▢

4

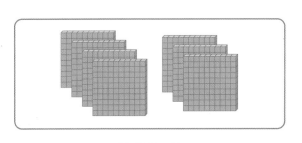

▢

5~22 빈칸에 알맞은 말이나 수를 써넣으세요.

5 [700]─[　　]

11 [오백]─[　　]

17 [400]─[　　]

6 [이백]─[　　]

12 [600]─[　　]

18 [삼백]─[　　]

7 [100]─[　　]

13 [구백]─[　　]

19 [800]─[　　]

8 [사백]─[　　]

14 [300]─[　　]

20 [백]─[　　]

9 [900]─[　　]

15 [육백]─[　　]

21 [500]─[　　]

10 [팔백]─[　　]

16 [200]─[　　]

22 [칠백]─[　　]

23~25 다음이 나타내는 수를 써 보세요.

23

100이 4개인 수

↓

☐

24

100이 6개인 수

↓

☐

25

100이 9개인 수

↓

☐

26~28 돼지 저금통에 있는 돈은 모두 얼마인지 구해 보세요.

26

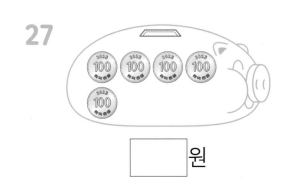

☐ 원

27

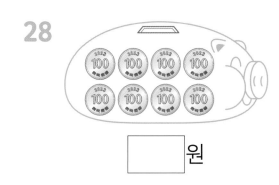

☐ 원

28

☐ 원

한 통에 100개씩 들어 있는 구슬이 3통 있습니다. 구슬은 모두 몇 개인가요?

100이 3개이면 ☐ 입니다.

따라서 구슬은 모두 ☐ 개입니다.

답 ☐ 개

다른 그림 찾기

아래 그림에서 위 그림과 다른 부분 5군데를 모두 찾아 ○표 하세요.

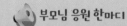

❷ 세 자리 수 알아보기

● 세 자리 수를 알아볼까요?

백 모형	십 모형	일 모형
100이 **2** 개	10이 **4** 개	I이 **5** 개

➡ 100이 2개, 10이 4개, I이 5개이면

　　　　2 4 5 이고 이백사십오라고 읽습니다.

1~2 수 모형을 보고 빈칸에 알맞은 수를 써넣으세요.

1

백 모형	십 모형	일 모형
100이 ☐ 개	10이 ☐ 개	I이 ☐ 개

☐ ☐ ☐

2

백 모형	십 모형	일 모형
100이 ☐ 개	10이 ☐ 개	I이 ☐ 개

☐ ☐ ☐

3~12 □ 안에 알맞은 수를 써넣으세요.

3 100이 1개
  10이 3개 — ☐
  1이 6개

8 264는
  ┌ 100이 ☐ 개
  ├ 10이 ☐ 개
  └ 1이 ☐ 개

4 100이 2개
  10이 8개 — ☐
  1이 7개

9 345는
  ┌ 100이 ☐ 개
  ├ 10이 ☐ 개
  └ 1이 ☐ 개

5 100이 8개
  10이 5개 — ☐
  1이 2개

10 561은
  ┌ 100이 ☐ 개
  ├ 10이 ☐ 개
  └ 1이 ☐ 개

6 100이 4개
  10이 5개 — ☐
  1이 0개

11 782는
  ┌ 100이 ☐ 개
  ├ 10이 ☐ 개
  └ 1이 ☐ 개

7 100이 6개
  10이 2개 — ☐
  1이 3개

12 918은
  ┌ 100이 ☐ 개
  ├ 10이 ☐ 개
  └ 1이 ☐ 개

13

173

(   )

14

305

(   )

15

850

(   )

16

468

(   )

17

오백삼십육

18

육백팔십칠

19

이백오십사

20

구백십일

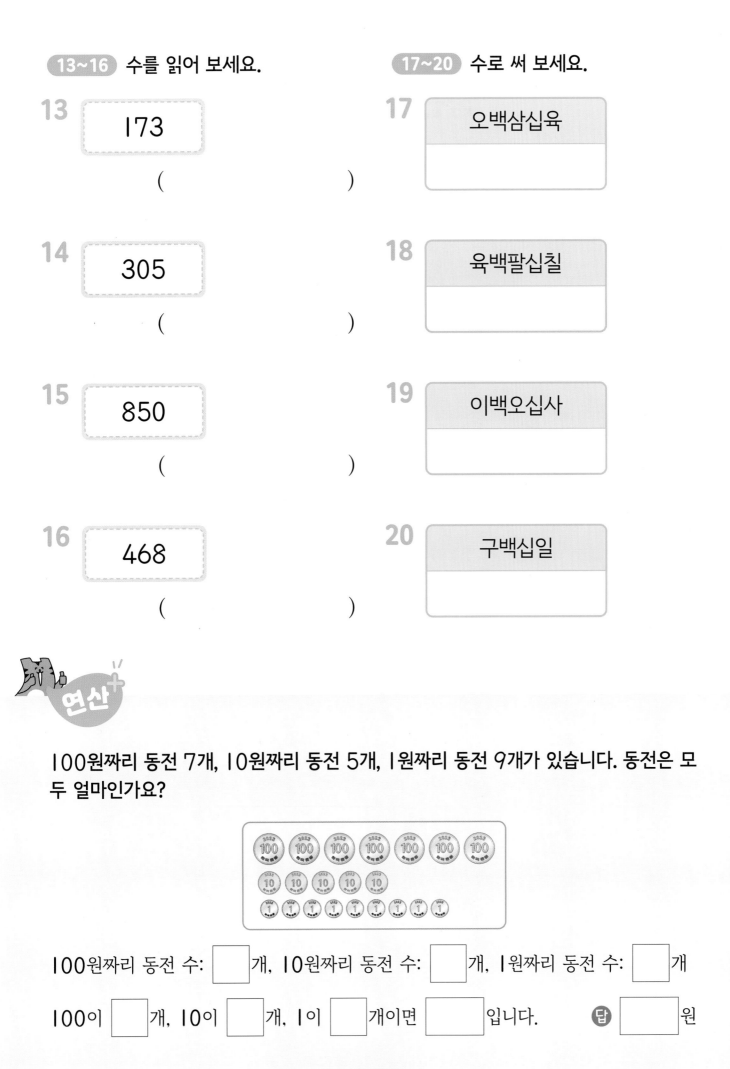

연산⁺

100원짜리 동전 7개, 10원짜리 동전 5개, 1원짜리 동전 9개가 있습니다. 동전은 모두 얼마인가요?

100원짜리 동전 수: ☐ 개, 10원짜리 동전 수: ☐ 개, 1원짜리 동전 수: ☐ 개

100이 ☐ 개, 10이 ☐ 개, 1이 ☐ 개이면 ☐ 입니다.   답 ☐ 원

숨은 그림 찾기

다음 그림에서 숨은 그림 5개를 모두 찾아 ○표 하세요.

| 양말 | 컵 | 열쇠 | 당근 | 국그릇 |

교과서 세 자리 수

③ 각 자리의 숫자가 나타내는 수 알아보기

● 세 자리 수에서 각 자리의 숫자가 나타내는 수를 알아볼까요?

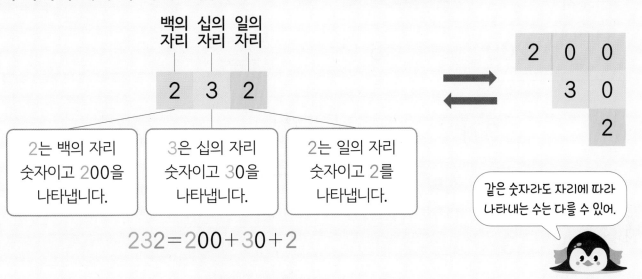

백의 자리	십의 자리	일의 자리
2	3	2

| 2는 백의 자리
숫자이고 200을
나타냅니다. | 3은 십의 자리
숫자이고 30을
나타냅니다. | 2는 일의 자리
숫자이고 2를
나타냅니다. |

$$232 = 200 + 30 + 2$$

같은 숫자라도 자리에 따라 나타내는 수는 다를 수 있어.

1~4 주어진 수를 보고 빈칸에 알맞은 수를 써넣으세요.

1 165

100이 1개	10이 6개	1이 5개
100	60	

$165 = \boxed{100} + \boxed{60} + \boxed{}$

2 482

100이 4개	10이 8개	1이 2개
400		

$482 = \boxed{400} + \boxed{} + \boxed{}$

3 376

100이 3개	10이 7개	1이 6개
	70	

$376 = \boxed{} + \boxed{70} + \boxed{}$

4 894

100이 8개	10이 9개	1이 4개
		4

$894 = \boxed{} + \boxed{} + \boxed{4}$

5~12 주어진 수를 보고 빈칸에 알맞은 수를 써넣으세요.

5　265

자리	백의 자리	십의 자리	일의 자리
숫자		6	
나타내는 수	200		5

9　903

자리	백의 자리	십의 자리	일의 자리
숫자			
나타내는 수			

6　371

자리	백의 자리	십의 자리	일의 자리
숫자	3		1
나타내는 수		70	

10　446

자리	백의 자리	십의 자리	일의 자리
숫자			
나타내는 수			

7　684

자리	백의 자리	십의 자리	일의 자리
숫자			4
나타내는 수			4

11　822

자리	백의 자리	십의 자리	일의 자리
숫자			
나타내는 수			

8　517

자리	백의 자리	십의 자리	일의 자리
숫자	5		
나타내는 수	500		

12　739

자리	백의 자리	십의 자리	일의 자리
숫자			
나타내는 수			

밑줄 친 숫자가 나타내는 수를 찾아 ○표 하세요.

13

470		
700	70	7

14

975		
900	90	9

15

834		
400	40	4

16

261		
600	60	6

17

641		
100	10	1

18

729		
200	20	2

19

557		
500	50	5

20

333		
300	30	3

연산＋

다음 수에서 ㉠과 ㉡이 나타내는 수를 각각 구해 보세요.

898
㉠ ㉡

㉠의 8은 백의 자리 숫자이므로 ㉠이 나타내는 수는 [   ] 입니다.

㉡의 8은 일의 자리 숫자이므로 ㉡이 나타내는 수는 [   ] 입니다.

답 ㉠: [   ] , ㉡: [   ]

도둑 찾기

어느 날 한 박물관에 도둑이 들어 그림을 훔쳐 갔습니다. 사건 단서 ①, ②, ③의 밑줄 친 숫자가 나타내는 수에 해당하는 글자를 사건 단서 해독표에서 찾아 차례로 쓰면 도둑의 이름을 알 수 있습니다. 명탐정과 함께 주어진 단서를 가지고 도둑의 이름을 알아보세요.

사건 단서 ②
56<u>4</u>

사건 단서 ①
3<u>4</u>3

사건 단서 ③
7<u>5</u>2

사건 현장에서 단서를 찾아 오른쪽의 사건 단서 해독표를 이용하여 도둑의 이름을 알아봐.

<사건 단서 해독표>

이	300	최	3	비	50
박	30	루	4	안	500
시	400	리	5	온	40

① ② ③

도둑의 이름은 바로 ☐☐☐ 입니다.

📖 교과서 세 자리 수

④ 뛰어 세기

● 100씩, 10씩, 1씩 뛰어 세어 볼까요?

· 100씩 뛰어 세기: 백의 자리 수가 1씩 커집니다.

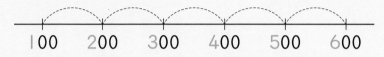

· 10씩 뛰어 세기: 십의 자리 수가 1씩 커집니다.

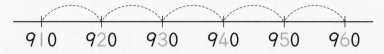

· 1씩 뛰어 세기: 일의 자리 수가 1씩 커집니다.

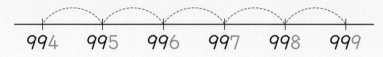

999보다 1만큼 더
큰 수는 1000이야.
1000은 천이라고 읽어.

1~3 주어진 수만큼 뛰어 세어 보세요.

1 100씩

300 — 400 — 500 — 600 — ⬜ — ⬜

2 10씩

410 — 420 — 430 — 440 — ⬜ — ⬜

3 1씩

761 — 762 — 763 — ⬜ — 765 — ⬜

4 120 — 130 — ⬭ — ⬭ — ⬭ — 170

5 510 — ⬭ — 512 — 513 — ⬭ — ⬭

6 367 — ⬭ — 567 — ⬭ — ⬭ — 867

7 813 — 823 — ⬭ — ⬭ — 853 — ⬭

8 620 — 621 — ⬭ — ⬭ — 624 — ⬭

9 719 — 729 — 739 — ⬭ — ⬭ — ⬭

10 212 — 312 — 412 — ⬭ — ⬭ — ⬭

11~16 규칙을 찾아 뛰어 세어 보고, 몇씩 뛰어 세었는지 구해 보세요.

11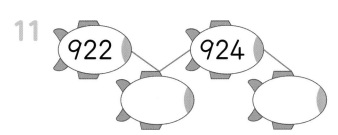

➡ ☐ 씩 뛰어 세었습니다.

14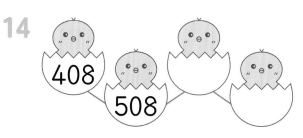

➡ ☐ 씩 뛰어 세었습니다.

12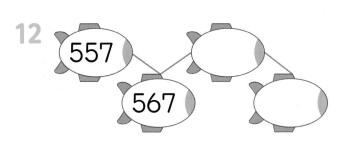

➡ ☐ 씩 뛰어 세었습니다.

15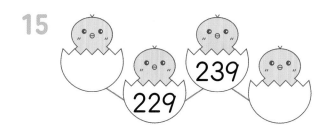

➡ ☐ 씩 뛰어 세었습니다.

13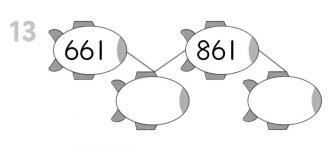

➡ ☐ 씩 뛰어 세었습니다.

16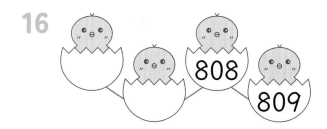

➡ ☐ 씩 뛰어 세었습니다.

724부터 10씩 뛰어 셀 때 빈 카드에 알맞은 수를 구해 보세요.

724부터 ☐ 씩 뛰어 세어 봅니다.

724 – 734 – 744 – ☐ – ☐ – ☐ – ☐ – 794   답 ☐

그림 완성하기

310부터 1씩 뛰어 세어 보려고 합니다. 선을 이어 그림을 완성하세요.

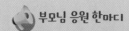

⑤ 두 수의 크기 비교(1)

● 세 자리 수의 크기를 비교해 볼까요?

① 백의 자리 수부터 차례로 비교합니다.

② 백의 자리 수가 같으면 십의 자리 수끼리, 십의 자리 수가 같으면 일의 자리 수끼리 비교합니다.

	백의 자리	십의 자리	일의 자리
287 ➡	2	8	7
286 ➡	2	8	6

287 > 286
└7 > 6┘

백의 자리 수부터 차례로 비교해. 높은 자리의 수가 클수록 더 큰 수야.

1~4 빈칸에 알맞은 수를 써넣고, 두 수의 크기를 비교하여 ○ 안에 > 또는 <를 알맞게 써넣으세요.

1

	백의 자리	십의 자리	일의 자리
410 ➡	4	1	0
420 ➡			

410 ◯ 420

2

	백의 자리	십의 자리	일의 자리
317 ➡			
217 ➡	2	1	7

317 ◯ 217

3

	백의 자리	십의 자리	일의 자리
735 ➡			
739 ➡			

735 ◯ 739

4

	백의 자리	십의 자리	일의 자리
590 ➡			
509 ➡			

590 ◯ 509

5 400 ◯ 200

13 924 ◯ 922

6 560 ◯ 580

14 738 ◯ 736

7 331 ◯ 231

15 565 ◯ 588

8 693 ◯ 712

16 441 ◯ 313

9 739 ◯ 824

17 365 ◯ 356

10 174 ◯ 154

18 710 ◯ 711

11 635 ◯ 636

19 859 ◯ 849

12 246 ◯ 253

20 942 ◯ 949

21~30 두 수 중 더 큰 수를 빈칸에 써넣으세요.

21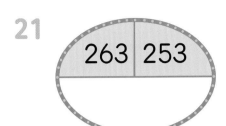

22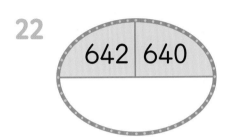

23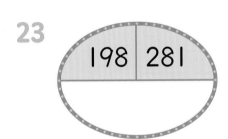

24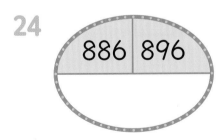

25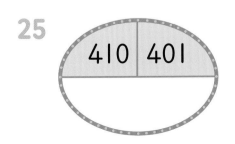

26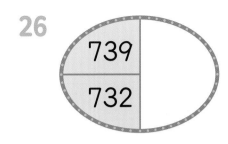

27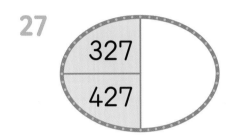

28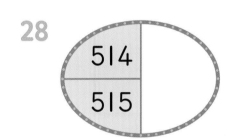

29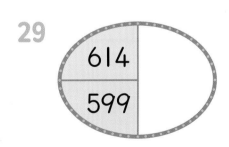

30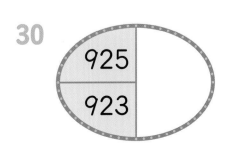

미로 찾기

농부가 감자와 고구마가 들어 있는 바구니를 찾으러 가려고 합니다. 길을 찾아 선으로 이어 보세요.

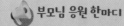

⑥ 두 수의 크기 비교(2)

● 381과 384의 크기를 비교해 볼까요?

	백의 자리	십의 자리	일의 자리
381 ➡	3	8	1
384 ➡	3	8	4

381 < 384
└ 1 < 4 ┘

381과 384는 백의 자리 수가 3, 십의 자리 수가 8로 각각 같으니까 일의 자리 수끼리 비교해야 해.

1~4 빈칸에 알맞은 수를 써넣고, 두 수의 크기를 비교하여 ○ 안에 > 또는 < 를 알맞게 써넣으세요.

1

	백의 자리	십의 자리	일의 자리
529 ➡	5	2	9
429 ➡			

529 ◯ 429

3

	백의 자리	십의 자리	일의 자리
141 ➡			
142 ➡			

141 ◯ 142

2

	백의 자리	십의 자리	일의 자리
681 ➡			
601 ➡	6	0	1

681 ◯ 601

4

	백의 자리	십의 자리	일의 자리
225 ➡			
252 ➡			

225 ◯ 252

5 300 ◯ 500

6 467 ◯ 367

7 967 ◯ 976

8 805 ◯ 800

9 624 ◯ 585

10 119 ◯ 104

11 578 ◯ 583

12 469 ◯ 462

13 215 ◯ 251

14 767 ◯ 667

15 137 ◯ 136

16 348 ◯ 349

17 406 ◯ 460

18 521 ◯ 411

19 812 ◯ 831

20 944 ◯ 945

21~28 세 수 중 가장 큰 수를 찾아 빈칸에 써넣으세요.

21

514	494	399

25

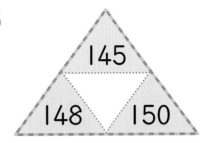

145
148   150

22

783	883	683

26

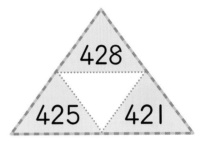

428
425   421

23

390	380	370

27

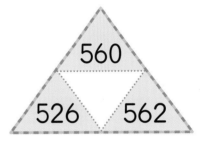

560
526   562

24

254	236	259

28

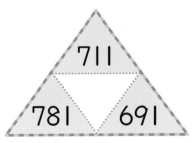

711
781   691

학급 문고 책꽂이에 동화책이 319권, 위인전이 324권 있습니다. 동화책과 위인전 중에서 어느 것이 더 많은가요?

동화책의 수: ☐ 권, 위인전의 수: ☐ 권

☐ ◯ ☐ 이므로 ☐ 이 더 많습니다.   답 ☐

동화책의 수 ↗   ↑   ↖ 위인전의 수
　　　　　　　> 또는 < 넣기

집 찾기

현지는 친구 집에 가려고 합니다. 갈림길에서 두 수 중 더 큰 수를 따라가면 친구 집에 도착할 수 있습니다. 길을 올바르게 따라가 친구 집을 찾아 번호를 써 보세요.

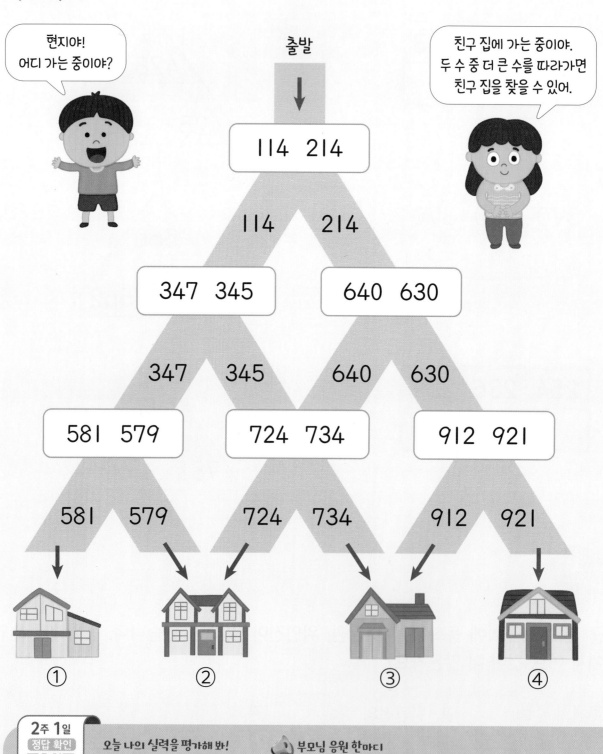

마무리 연산

1~6 빈칸에 알맞은 말이나 수를 써넣으세요.

1 400 — ☐

3 700 — ☐

5 500 — ☐

2 삼백 — ☐

4 이백 — ☐

6 육백 — ☐

7~10 ☐ 안에 알맞은 수를 써넣으세요.

7
100이 1개 ⌐
10이 7개 ├ ☐
1이 2개 ⌐

8
100이 6개 ⌐
10이 2개 ├ ☐
1이 9개 ⌐

9 316은
⌐ 100이 ☐ 개
├ 10이 ☐ 개
⌐ 1이 ☐ 개

10 897은
⌐ 100이 ☐ 개
├ 10이 ☐ 개
⌐ 1이 ☐ 개

11~12 주어진 수를 보고 빈칸에 알맞은 수를 써넣으세요.

11 463

자리	백의 자리	십의 자리	일의 자리
숫자			
나타내는 수			

12 741

자리	백의 자리	십의 자리	일의 자리
숫자			
나타내는 수			

13~16 규칙을 찾아 뛰어 세어 보세요.

13 286 - 386 - ☐ - ☐

15 532 - ☐ - 534 - ☐

14 ☐ - ☐ - 786 - 796

16 375 - 385 - ☐ - ☐

17~20 두 수의 크기를 비교하여 ◯ 안에 > 또는 <를 알맞게 써넣으세요.

17 160 ◯ 170

19 640 ◯ 641

18 474 ◯ 384

20 581 ◯ 584

21~24 세 수 중 가장 큰 수를 찾아 빈칸에 써넣으세요.

21

278	275	273

22

386	402	297

23

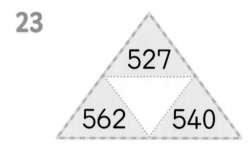

24

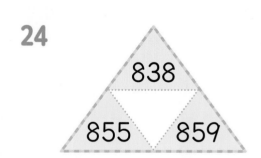

25 수를 바르게 읽은 것을 찾아 기호를 써 보세요.

> ㉠ 374 → 삼칠사   ㉡ 580 → 오십팔
> ㉢ 601 → 육백십   ㉣ 936 → 구백삼십육

(   )

26 숫자 4가 40을 나타내는 수를 찾아 기호를 써 보세요.

> ㉠ 497   ㉡ 741   ㉢ 204

(   )

27~28 두 수의 크기를 비교하여 ○ 안에 > 또는 < 를 알맞게 써넣으세요.

27 칠백오십사 ○ 칠백사십오   **28** 삼백구십일 ○ 삼백구십이

29 가장 큰 수와 가장 작은 수를 각각 찾아 써 보세요.

> 568   659   661

가장 큰 수 (   )

가장 작은 수 (   )

30 한 묶음에 100장씩 들어 있는 색종이가 5묶음 있습니다. 색종이는 모두 몇 장인가요?

 답 ....

31 사과가 100개씩 2상자, 10개씩 7봉지, 낱개로 6개 있습니다. 사과는 모두 몇 개인가요?

 답 ....

32 563부터 100씩 3번 뛰어 센 수는 얼마인가요?

답 ....

33 책을 희주는 128쪽까지 읽었고, 동규는 134쪽까지 읽었습니다. 희주와 동규 중 누가 책을 더 많이 읽었나요?

 답 ....

  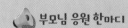

❶ 여러 가지 방법으로 덧셈하기

● 18+4를 여러 가지 방법으로 구해 볼까요?

방법 1 이어 세기로 구하기

18 19 20 21 22

➡ 18+4=22

방법 2 수판으로 구하기

○는 18개, △는 4개이므로
○와 △는 모두 22개입니다.

➡ 18+4=22

● 26+15를 여러 가지 방법으로 구해 볼까요?

방법 1 가르기하여 구하기

15를 10과 5로 가르기하여 26에 10을 먼저
더하고 5를 더합니다.

26+15=41
      10 5

방법 2 수를 다르게 나타내어 구하기

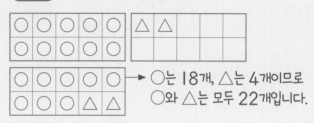

15에서 4를 옮겨 26을 30으로 만들 수 있습니다.

➡ 26+15=41   30+11=41

1~4 ☐ 안에 알맞은 수를 써넣으세요.

1

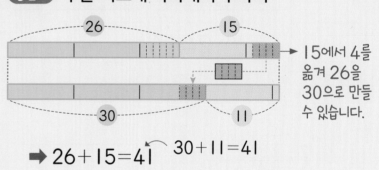

19 20 21

19+2= ☐

2

16 17 18 19 20

16+4= ☐

3

17 18 19 20

17+3= ☐

4

18 19 20 21

18+3= ☐

5~8 더하는 수만큼 △를 그려 넣고, □ 안에 알맞은 수를 써넣으세요.

5

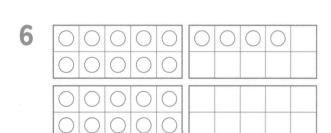

$$17+7=\boxed{}$$

6

$$24+9=\boxed{}$$

7

$$8+15=\boxed{}$$

8

$$25+6=\boxed{}$$

9~13 □ 안에 알맞은 수를 써넣으세요.

9

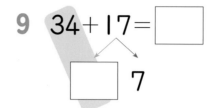

$$34+17=\boxed{}$$

$\boxed{}$ 7

10

$$48+23=\boxed{}$$

$\boxed{}$ 3

11

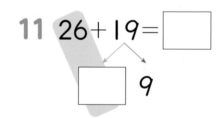

$$26+19=\boxed{}$$

$\boxed{}$ 9

12

$$39+13=\boxed{}$$

$\boxed{}$ 3

13

$$18+27=\boxed{}$$

$\boxed{}$ 7

14

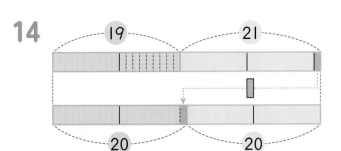

$20+20=$ □

$19+21=$ □

16

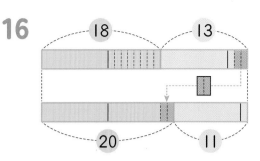

$20+11=$ □

$18+13=$ □

15

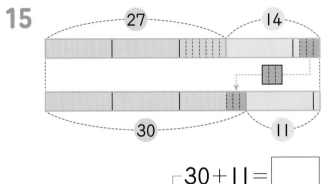

$30+11=$ □

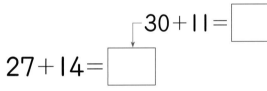

$27+14=$ □

17

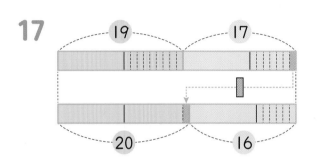

$20+16=$ □

$19+17=$ □

냉장고에 방울토마토가 18개 있었는데 어머니께서 방울토마토를 22개 더 사 오셨습니다. 방울토마토는 모두 몇 개인가요?

처음 방울토마토의 수: □ 개, 어머니께서 더 사 오신 방울토마토의 수: □ 개

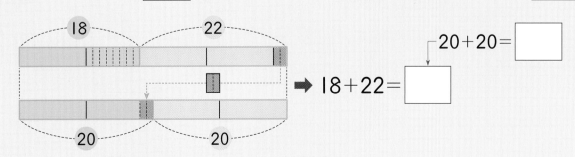

$20+20=$ □

➡ $18+22=$ □

따라서 방울토마토는 모두 □ 개입니다.

답 □ 개

다른 그림 찾기

아래 그림에서 위 그림과 다른 부분 5군데를 모두 찾아 ○표 하세요.

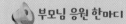

📖 교과서 **덧셈과 뺄셈**

② 받아올림이 있는
(두 자리 수)＋(한 자리 수)(1)

● 29＋5를 계산해 볼까요?

		2	9
	＋		5

⮕

		1	
		2	9
	＋		5
		1	4

9＋5＝14

⮕

		1	
		2	9
	＋		5
		3	4

1＋2＝3

일 모형 10개는 십 모형 1개로 바꿀 수 있어.

---

① 일의 자리 수끼리의 합이 10이거나 10보다 크면 십의 자리로 받아올림합니다.
② 일의 자리 계산에서 받아올림한 수는 십의 자리 수와 더합니다.

1~6 덧셈을 하세요.

1

	3	4
＋		8

3

	2	3
＋		7

5

		8
＋	6	5

2

	1	7
＋		6

4

	4	9
＋		9

6

		6
＋	7	6

7
```
    2 7
  +   4
```

12
```
    4 8
  +   7
```
쏙셈 3권 2주 4일 ②

17
```
      8
  + 5 6
```

8
```
    5 9
  +   3
```

13
```
    7 6
  +   4
```

18
```
      9
  + 3 7
```

9
```
    8 4
  +   8
```

14
```
    2 5
  +   9
```

19
```
      6
  + 8 6
```

10
```
    3 5
  +   6
```

15
```
    1 7
  +   5
```

20
```
      9
  + 4 2
```

11
```
    6 9
  +   4
```

16
```
    8 1
  +   9
```

21
```
      5
  + 8 9
```

22 18+6

23 8+23

24 87+7

25 2+38

26 66+5

27 9+54

28 79+6

29 53
+9
□

30 8
+38
□

31 29
+8
□

32 4
+46
□

33 65
+7
□

빙고 놀이

태우와 지은이는 빙고 놀이를 하고 있습니다. 빙고 놀이에서 이긴 사람은 누구인가요?

<빙고 놀이 방법>

1. 가로, 세로 5칸인 놀이판에 1부터 50까지의 수 중 자유롭게 수를 적은 다음 서로 번갈아 가며 수를 말합니다.

2. 자신과 상대방이 말하는 수에 ✕표 합니다.

3. 가로, 세로, ╱, ╲ 중 한 줄에 있는 5개의 수에 모두 ✕표 한 경우 '빙고'를 외칩니다.

4. 먼저 '빙고'를 외치는 사람이 이깁니다.

내가 말할 수는
17＋8의
계산 결과야.

태우

태우의 놀이판

16	42	39	7	✕
48	34	22	✕	✕
11	9	17	43	25
2	✕	✕	45	✕
50	✕	15	37	24

지은이의 놀이판

10	✕	21	1	8
23	✕	35	50	20
✕	25	✕	16	✕
30	44	40	33	15
✕	✕	12	19	2

이번엔 내 차례다!
39＋5의
계산 결과야.

지은

교과서 덧셈과 뺄셈

③ 받아올림이 있는
(두 자리 수)＋(한 자리 수)(2)

● 37＋8을 계산해 볼까요?

	3	7
＋		8

➡

		1
	3	7
＋		8
		5

7＋8=15

➡

		1
	3	7
＋		8
	4	5

1＋3=4

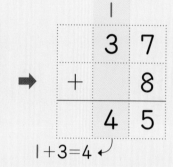

일의 자리 수끼리의 합이
10이거나 10보다 크면
십의 자리로 받아올림해.

1~9 덧셈을 하세요.

1

	1	2
＋		9

2

	3	8
＋		6

3

	6	6
＋		4

4

	8	7
＋		6

5

	5	9
＋		1

6

	7	3
＋		8

7

		3
＋	2	9

8

		4
＋	4	8

9

		9
＋	6	7

10~26 덧셈을 하세요.

10
```
    2 7
  +   9
```

11
```
    3 5
  +   5
```

12
```
    5 6
  +   7
```

13
```
    4 9
  +   6
```

14
```
    8 6
  +   5
```

15
```
      9
  + 1 8
```

16
```
      8
  + 6 4
```

17
```
      5
  + 7 6
```

18
```
      9
  + 2 1
```

19
```
      2
  + 3 9
```

20 44+9

21 7+55

22 85+9

23 6+28

24 19+3

25 8+79

26 67+3

27

$68 \rightarrow \boxed{+9} \rightarrow \boxed{}$

28

$54 \rightarrow \boxed{+6} \rightarrow \boxed{}$

29

$29 \rightarrow \boxed{+4} \rightarrow \boxed{}$

30

$83 \rightarrow \boxed{+8} \rightarrow \boxed{}$

31

| 6 | +36 | |

32

| 5 | +79 | |

33

| 2 | +48 | |

34

| 9 | +15 | |

목장에 얼룩말이 24마리 있고, 조랑말이 9마리 있습니다. 목장에 있는 말은 모두 몇 마리인가요?

얼룩말의 수: ☐ 마리, 조랑말의 수: ☐ 마리

(목장에 있는 말의 수)＝(얼룩말의 수)＋(조랑말의 수)

＝ ☐ ＋ ☐ ＝ ☐ (마리)　　　답 ☐ 마리

색칠하기

물고기의 비늘을 색칠하려고 합니다. 색칠 열쇠 의 문제를 해결하여 결과에 맞게 색칠해 보세요.

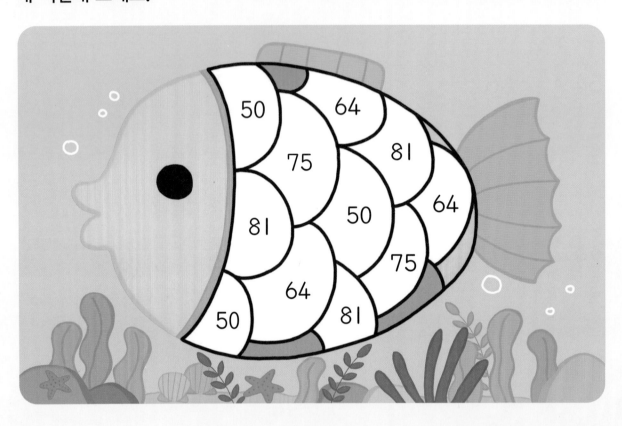

색칠 열쇠

$$\begin{array}{r} 4\ 5 \\ +\ \ 5 \\ \hline \end{array}$$ → 빨간색

$$\begin{array}{r} 5\ 6 \\ +\ \ 8 \\ \hline \end{array}$$ → 파란색

$$\begin{array}{r} 7\ 4 \\ +\ \ 7 \\ \hline \end{array}$$ → 주황색

$$\begin{array}{r} 6\ 9 \\ +\ \ 6 \\ \hline \end{array}$$ → 초록색

공부한 날
___월 ___일

📖 교과서 **덧셈과 뺄셈**

④ 일의 자리에서 받아올림이 있는 (두 자리 수)+(두 자리 수)(1)

● 25+18을 계산해 볼까요?

일 모형 10개는 십 모형 1개로 바꿀 수 있어.

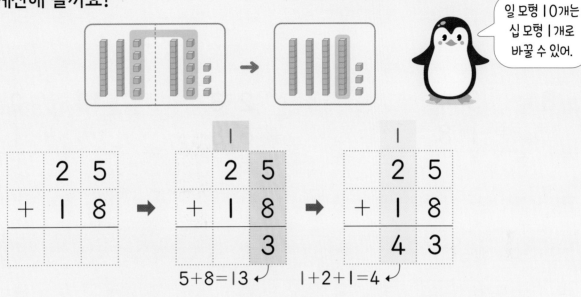

$$5+8=13$$ $$1+2+1=4$$

> ① 일의 자리 수끼리의 합이 10이거나 10보다 크면 십의 자리로 받아올림합니다.
> ② 일의 자리 계산에서 받아올림한 수는 십의 자리 수와 더합니다.

1~6 덧셈을 하세요.

1
```
    1 5
+   2 6
─────────
```

3
```
    4 3
+   1 7
─────────
```

5
```
    3 6
+   2 8
─────────
```

2
```
    2 9
+   4 5
─────────
```

4
```
    5 2
+   3 9
─────────
```

6
```
    6 9
+   1 4
─────────
```

7
$$\begin{array}{r} 2\ 6 \\ +\ 4\ 5 \\ \hline \end{array}$$

12
$$\begin{array}{r} 1\ 7 \\ +\ 3\ 6 \\ \hline \end{array}$$

17
$$\begin{array}{r} 4\ 5 \\ +\ 4\ 7 \\ \hline \end{array}$$

8
$$\begin{array}{r} 3\ 4 \\ +\ 1\ 8 \\ \hline \end{array}$$

13
$$\begin{array}{r} 2\ 3 \\ +\ 6\ 8 \\ \hline \end{array}$$

18
$$\begin{array}{r} 2\ 8 \\ +\ 1\ 3 \\ \hline \end{array}$$

9
$$\begin{array}{r} 4\ 7 \\ +\ 1\ 9 \\ \hline \end{array}$$

14
$$\begin{array}{r} 6\ 5 \\ +\ 1\ 5 \\ \hline \end{array}$$

19
$$\begin{array}{r} 1\ 9 \\ +\ 5\ 8 \\ \hline \end{array}$$

10
$$\begin{array}{r} 5\ 2 \\ +\ 2\ 9 \\ \hline \end{array}$$

15
$$\begin{array}{r} 1\ 6 \\ +\ 1\ 6 \\ \hline \end{array}$$

20
$$\begin{array}{r} 3\ 3 \\ +\ 5\ 7 \\ \hline \end{array}$$

11
$$\begin{array}{r} 7\ 2 \\ +\ 1\ 8 \\ \hline \end{array}$$

16
$$\begin{array}{r} 3\ 5 \\ +\ 3\ 8 \\ \hline \end{array}$$

21
$$\begin{array}{r} 4\ 6 \\ +\ 2\ 9 \\ \hline \end{array}$$

22 17+28

23 29+33

24 57+27

25 48+18

26 67+16

27 32+39

28 58+28

29
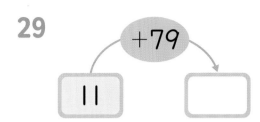

30
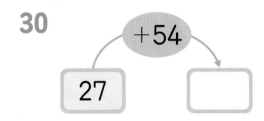

31
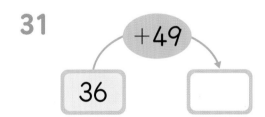

32
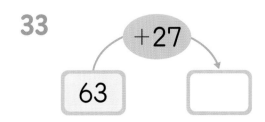

33

사자성어

다음 식의 계산 결과에 해당하는 글자를 보기에서 찾아 빈칸에 차례로 써넣으면 사자성어가 완성됩니다. 완성된 사자성어를 써 보세요.

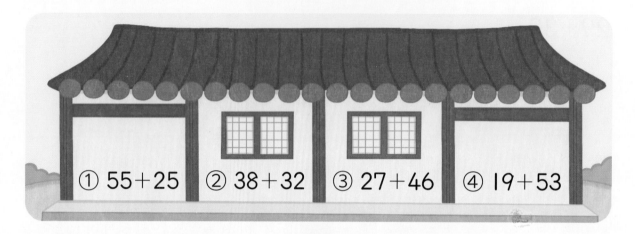

① 55+25   ② 38+32   ③ 27+46   ④ 19+53

보기

81	71	80	90	73
면	전	죽	풍	고
70	78	87	72	91
마	초	등	우	과

완성된 사자성어는 대나무 말을 타고 놀던 옛 친구라는 의미야.

어릴 적부터 가까이 지내며 자란 친구를 뜻하는 사자성어야.

	①	②	③	④
답				

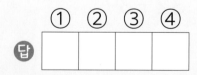

공부한 날
___월 ___일

교과서 **덧셈과 뺄셈**

⑤ 일의 자리에서 받아올림이 있는 (두 자리 수)+(두 자리 수)(2)

● 25+36을 계산해 볼까요?

$$
\begin{array}{r}
2\ 5 \\
+\ 3\ 6 \\
\hline
\end{array}
\Rightarrow
\begin{array}{r}
{}^{1}\\
2\ 5 \\
+\ 3\ 6 \\
\hline
1
\end{array}
\Rightarrow
\begin{array}{r}
{}^{1}\\
2\ 5 \\
+\ 3\ 6 \\
\hline
6\ 1
\end{array}
$$

5+6=11 ↵   1+2+3=6 ↵

일의 자리 계산에서 받아올림한 수를 십의 자리 수와 더하는 것을 잊지 마!

1~9 덧셈을 하세요.

1
$$
\begin{array}{r}
1\ 3 \\
+\ 2\ 8 \\
\hline
\end{array}
$$

2
$$
\begin{array}{r}
2\ 6 \\
+\ 5\ 5 \\
\hline
\end{array}
$$

3
$$
\begin{array}{r}
4\ 7 \\
+\ 1\ 7 \\
\hline
\end{array}
$$

4
$$
\begin{array}{r}
3\ 3 \\
+\ 5\ 9 \\
\hline
\end{array}
$$

5
$$
\begin{array}{r}
7\ 7 \\
+\ 1\ 4 \\
\hline
\end{array}
$$

6
$$
\begin{array}{r}
2\ 2 \\
+\ 4\ 8 \\
\hline
\end{array}
$$

7
$$
\begin{array}{r}
4\ 5 \\
+\ 3\ 7 \\
\hline
\end{array}
$$

8
$$
\begin{array}{r}
1\ 8 \\
+\ 1\ 9 \\
\hline
\end{array}
$$

9
$$
\begin{array}{r}
3\ 6 \\
+\ 2\ 7 \\
\hline
\end{array}
$$

10
```
    2 6
  + 4 6
```

15
```
    6 8
  + 2 9
```

20 22+59

21 36+15

11
```
    6 9
  + 1 3
```

16
```
    5 8
  + 1 6
```

22 19+67

12
```
    5 1
  + 3 9
```

17
```
    7 5
  + 1 7
```

23 49+24

24 57+18

13
```
    4 8
  + 3 3
```

18
```
    4 3
  + 2 8
```

25 16+27

14
```
    2 5
  + 2 5
```

19
```
    3 8
  + 3 7
```

26 78+14

27~30 빈칸에 두 수의 합을 써넣으세요.

31~33 빈칸에 알맞은 수를 써넣으세요.

27

28
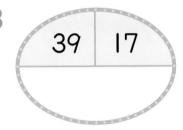

29
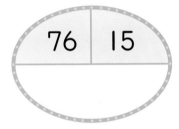

30
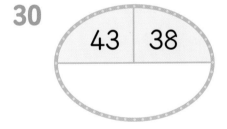

31
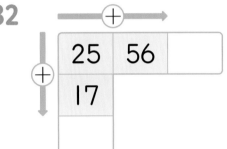

32
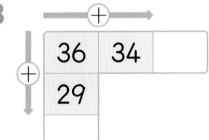

33

감자를 현수는 28개 캤고, 예리는 32개 캤습니다. 두 사람이 캔 감자는 모두 몇 개인 가요?

현수가 캔 감자의 수: ☐ 개, 예리가 캔 감자의 수: ☐ 개

(두 사람이 캔 감자의 수)=(현수가 캔 감자의 수)+(예리가 캔 감자의 수)

= ☐ + ☐ = ☐ (개)   답 ☐ 개

숨은 그림 찾기

다음 그림에서 숨은 그림 5개를 모두 찾아 ○표 하세요.

| 연필 | 지팡이 | 단추 | 성냥개비 | 바늘 |

  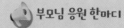

6 십의 자리에서 받아올림이 있는 (두 자리 수)+(두 자리 수)(1)

● 65+43을 계산해 볼까요?

 십 모형 10개는 백 모형 1개로 바꿀 수 있어.

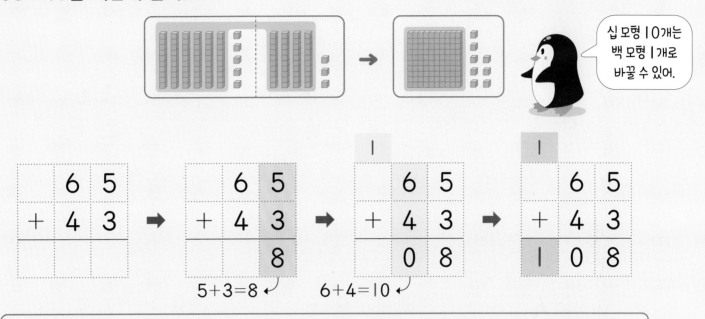

$$5+3=8 \qquad 6+4=10$$

① 십의 자리 수끼리의 합이 10이거나 10보다 크면 백의 자리로 받아올림합니다.
② 백의 자리로 받아올림한 1은 그대로 내려씁니다.

1~6 덧셈을 하세요.

1
```
    2 2
+   8 1
```

2
```
    4 0
+   7 9
```

3
```
    3 5
+   9 3
```

4
```
    6 7
+   5 0
```

5
```
    8 2
+   6 2
```

6
```
    7 4
+   5 5
```

7
```
   2 1
+  8 7
_____
```

12
```
   7 3
+  6 3
_____
```

17
```
   5 3
+  5 0
_____
```

8
```
   3 2
+  9 3
_____
```

13
```
   8 4
+  9 4
_____
```

18
```
   3 6
+  8 1
_____
```

9
```
   4 4
+  6 2
_____
```

14
```
   9 5
+  7 0
_____
```

19
```
   7 7
+  5 1
_____
```

10
```
   5 4
+  5 5
_____
```

15
```
   8 3
+  3 6
_____
```

20
```
   6 2
+  9 5
_____
```

11
```
   4 5
+  8 3
_____
```

16
```
   2 2
+  8 5
_____
```

21
```
   7 5
+  7 2
_____
```

22 33+92

23 51+61

24 74+42

25 64+80

26 82+71

27 93+52

28 24+91

29~34 빈칸에 알맞은 수를 써넣으세요.

29

40	91	

30

63	62	

31

58	50	

32

86	73	

33

90	44	

34

35	82	

선 잇기

친구들이 풍선을 들고 있습니다. 계산 결과에 알맞게 선으로 이어 보세요.

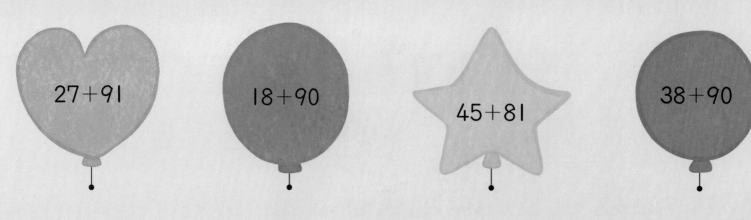

| 27+91 | 18+90 | 45+81 | 38+90 |

| 126 | 128 | 118 | 108 |

❼ 십의 자리에서 받아올림이 있는 (두 자리 수)+(두 자리 수)(2)

● 71+63을 계산해 볼까요?

	7	1
+	6	3

➡

	7	1
+	6	3
		4

1+3=4

➡

1		
	7	1
+	6	3
	3	4

7+6=13

➡

1		
	7	1
+	6	3
1	3	4

> 십의 자리 수끼리의 합이 10이거나 10보다 크면 백의 자리로 받아올림한 후, 1을 그대로 내려써.

1~9 덧셈을 하세요.

1

	2	5
+	9	1

4

	4	4
+	6	0

7

	3	5
+	7	4

2

	7	0
+	5	6

5

	5	7
+	8	1

8

	8	3
+	3	2

3

	9	3
+	8	6

6

	6	6
+	9	2

9

	7	3
+	4	1

10
```
   3 2
 + 8 1
```

11
```
   4 1
 + 6 4
```

12
```
   9 0
 + 8 6
```

13
```
   5 3
 + 7 5
```

14
```
   6 5
 + 9 2
```

15
```
   8 4
 + 8 4
```

16
```
   5 1
 + 6 0
```

17
```
   7 4
 + 4 5
```

18
```
   5 2
 + 8 3
```

19
```
   3 1
 + 7 6
```

20 68+91

21 54+94

22 70+85

23 82+43

24 12+96

25 67+72

26 53+61

27~30 빈칸에 두 수의 합을 써넣으세요.　　**31~34** 빈칸에 알맞은 수를 써넣으세요.

27
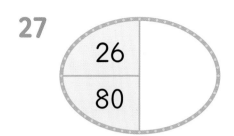
26
80

31
$+$

65	54	
42	64	

28
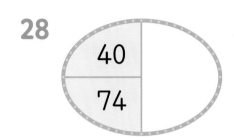
40
74

32
$+$

33	75	
57	50	

29
11
98

33
$+$

71	44	
93	63	

30
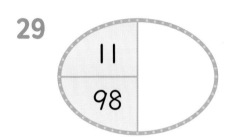
67
62

34
$+$

38	91	
23	85	

진수는 훌라후프를 어제는 55번, 오늘은 52번 돌렸습니다. 진수가 어제와 오늘 돌린 훌라후프는 모두 몇 번인가요?

어제 돌린 훌라후프 횟수: ☐ 번, 오늘 돌린 훌라후프 횟수: ☐ 번

(어제와 오늘 돌린 훌라후프 횟수)
=(어제 돌린 훌라후프 횟수)+(오늘 돌린 훌라후프 횟수)

= ☐ + ☐ = ☐ (번)　　　　　　　　답 ☐ 번

길 찾기

곰이 꿀단지를 찾으러 가려고 합니다. 길에 적힌 계산식이 맞는 것을 따라가면 꿀단지를 찾을 수 있습니다. 길을 찾아 선으로 이어 보세요.

출발	$75+31=106$	$80+62=141$
$94+10=114$	$57+52=109$	$28+91=109$
$73+52=126$	$63+43=106$	$35+94=139$
$86+23=108$	$74+83=157$	도착

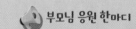

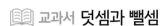

⑧ 받아올림이 두 번 있는 (두 자리 수)+(두 자리 수)(1)

● 75+59를 계산해 볼까요?

십 모형 10개는 백 모형 1개로, 일 모형 10개는 십 모형 1개로 바꿀 수 있어.

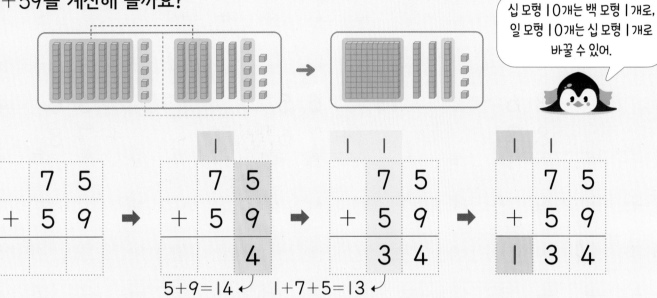

$$5+9=14 \qquad 1+7+5=13$$

① 같은 자리 수끼리의 합이 10이거나 10보다 크면 바로 윗자리로 받아올림합니다.
② 백의 자리로 받아올림한 1은 그대로 내려씁니다.

1~6 덧셈을 하세요.

1
```
    2 8
  + 8 7
```

3
```
    6 7
  + 9 5
```

5
```
    9 9
  + 3 4
```

2
```
    4 9
  + 5 5
```

4
```
    8 6
  + 4 5
```

6
```
    7 5
  + 2 5
```

7
```
   2 7
 + 7 9
```

12
```
   9 1
 + 3 9
```

17
```
   8 5
 + 1 6
```

8
```
   3 6
 + 8 7
```

13
```
   6 5
 + 7 6
```

18
```
   3 6
 + 7 8
```

9
```
   4 5
 + 6 8
```

14
```
   8 4
 + 9 9
```

19
```
   5 5
 + 5 7
```

10
```
   7 8
 + 4 2
```

15
```
   2 9
 + 7 5
```

20
```
   6 9
 + 8 3
```

11
```
   9 5
 + 5 9
```

16
```
   6 4
 + 4 8
```

21
```
   8 7
 + 4 6
```

22 48+69

23 59+91

24 85+17

25 68+55

26 94+39

27 56+47

28 86+84

29
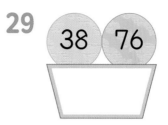

30

31

32

33

비밀번호 찾기

해수와 현지는 카페의 와이파이 비밀번호를 찾으려고 합니다. 카페의 와이파이 비밀번호는 보기 에 있는 번호에 알맞은 숫자를 차례로 이어 붙여 쓴 것입니다. 비밀번호를 찾아보세요.

보기

① 68+88의 값의 일의 자리 숫자   ② 37+65의 값의 십의 자리 숫자

③ 95+47의 값의 백의 자리 숫자   ④ 76+54의 값의 십의 자리 숫자

①	②	③	④

답

📖 교과서 덧셈과 뺄셈

⑨ 받아올림이 두 번 있는 (두 자리 수)＋(두 자리 수)(2)

● 67＋54를 계산해 볼까요?

	6	7
＋	5	4

➡

	1	
	6	7
＋	5	4
		1

7＋4=11 ↩

➡

	1	1
	6	7
＋	5	4
	2	1

1＋6＋5=12 ↩

➡

	1	1
	6	7
＋	5	4
1	2	1

같은 자리 수끼리의 합이 10이거나 10보다 크면 바로 윗자리로 받아올림해.

1~9 덧셈을 하세요.

1
	3	1
＋	7	9

4
	6	9
＋	8	6

7
	4	5
＋	7	5

2
	6	7
＋	6	5

5
	7	4
＋	9	7

8
	5	8
＋	9	6

3
	2	9
＋	9	8

6
	8	3
＋	8	9

9
	6	9
＋	3	9

10
```
   1 7
+  8 6
```

15
```
   5 8
+  4 3
```
쏙셈 3권 4주 1일

20 85+28

21 55+47

11
```
   2 6
+  8 8
```

16
```
   6 5
+  6 8
```

22 76+95

12
```
   5 6
+  6 9
```

17
```
   7 2
+  3 9
```

23 83+37

24 93+79

13
```
   3 7
+  7 7
```

18
```
   9 9
+  5 7
```

25 44+67

14
```
   4 9
+  9 4
```

19
```
   7 8
+  4 6
```

26 59+82

27 69 ─ +73 → ☐

28 74 ─ +58 → ☐

29 88 ─ +63 → ☐

30 99 ─ +19 → ☐

31 36 ─ +96 → ☐

32

+	44	85
56		

33

+	65	98
77		

34

+	79	38
83		

35

+	29	57
94		

체육관에 남학생이 76명, 여학생이 68명 있습니다. 이 체육관에 있는 학생은 모두 몇 명인가요?

남학생의 수: ☐ 명, 여학생의 수: ☐ 명

(체육관에 있는 학생의 수)=(남학생의 수)+(여학생의 수)

= ☐ + ☐ = ☐ (명)   답 ☐ 명

도둑 찾기

어느 날 한 도자기 판매점에 도둑이 들어 도자기를 훔쳐 갔습니다. 사건 단서 ①, ②, ③의 식의 계산 결과에 해당하는 글자를 사건 단서 해독표에서 찾아 차례로 쓰면 도둑의 이름을 알 수 있습니다. 명탐정과 함께 주어진 단서를 가지고 도둑의 이름을 알아보세요.

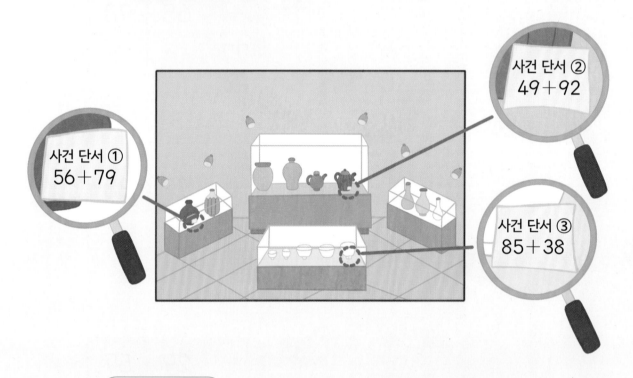

사건 단서 ①
56+79

사건 단서 ②
49+92

사건 단서 ③
85+38

사건 현장에서 단서를 찾아 오른쪽의 사건 단서 해독표를 이용하여 도둑의 이름을 알아봐.

<사건 단서 해독표>

김	125	태	124	박	136
용	140	수	141	리	120
최	135	유	142	영	123

도둑의 이름은 바로 　①　②　③　입니다.

⑩ 여러 가지 방법으로 뺄셈하기

● 13−5를 여러 가지 방법으로 구해 볼까요?

방법1 거꾸로 세기로 구하기

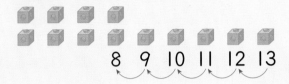

8 9 10 11 12 13

➡ 13−5=8

방법2 수판으로 구하기

→ ○ 13개에서 5개를 지우면 남은 ○는 8개입니다.

➡ 13−5=8

● 30−18을 여러 가지 방법으로 구해 볼까요?

방법1 가르기하여 구하기

18을 10과 8로 가르기하여 30에서 10을 먼저 빼고 8을 뺍니다.

30−18=12
10 8

방법2 수를 다르게 나타내어 구하기

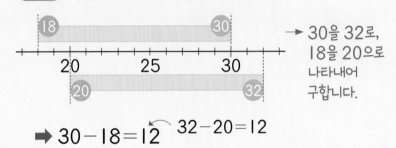

→ 30을 32로, 18을 20으로 나타내어 구합니다.

➡ 30−18=12   32−20=12

1~4 □ 안에 알맞은 수를 써넣으세요.

1

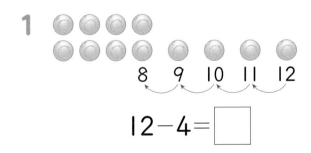

8 9 10 11 12

12−4=□

2

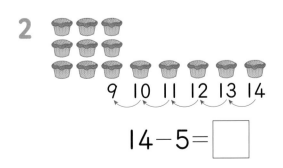

9 10 11 12 13 14

14−5=□

3

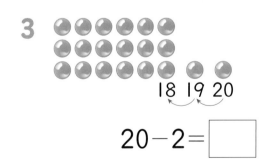

18 19 20

20−2=□

4

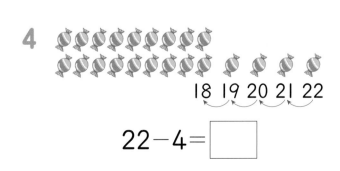

18 19 20 21 22

22−4=□

5~9 빼는 수만큼 /로 지우고, □ 안에 알맞은 수를 써넣으세요.

5

$11-6=\boxed{}$

6

$25-7=\boxed{}$

7

$15-8=\boxed{}$

8

$28-9=\boxed{}$

9

$32-4=\boxed{}$

10~14 □ 안에 알맞은 수를 써넣으세요.

10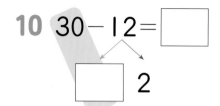

$30-12=\boxed{}$

$\boxed{} \quad 2$

11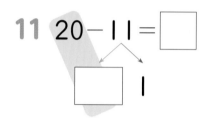

$20-11=\boxed{}$

$\boxed{} \quad 1$

12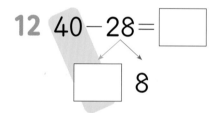

$40-28=\boxed{}$

$\boxed{} \quad 8$

13

$30-16=\boxed{}$

$\boxed{} \quad 6$

14

$50-25=\boxed{}$

$\boxed{} \quad 5$

15

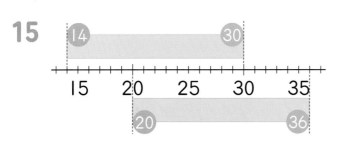

$$36-20=\boxed{}$$

$$30-14=\boxed{}$$

17

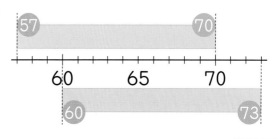

$$73-60=\boxed{}$$

$$70-57=\boxed{}$$

16

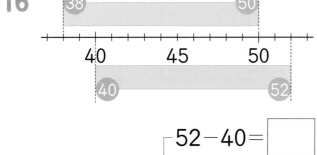

$$52-40=\boxed{}$$

$$50-38=\boxed{}$$

18

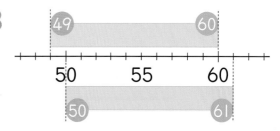

$$61-50=\boxed{}$$

$$60-49=\boxed{}$$

페트병을 지희는 30개 모았고, 한수는 15개 모았습니다. 지희는 한수보다 페트병을 몇 개 더 많이 모았나요?

지희가 모은 페트병의 수: $\boxed{}$ 개, 한수가 모은 페트병의 수: $\boxed{}$ 개

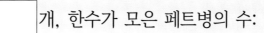

➡ $30-15=\boxed{}$

$35-20=\boxed{}$

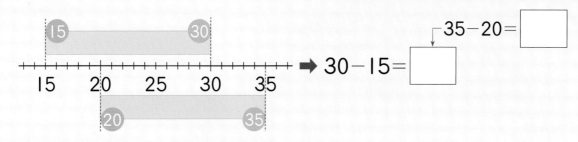

따라서 지희는 한수보다 페트병을 $\boxed{}$ 개 더 많이 모았습니다.

답 $\boxed{}$ 개

미로 찾기

야구 선수가 야구공을 찾으러 가려고 합니다. 길을 찾아 선으로 이어 보세요.

4주 2일
정답 확인

오늘 나의 실력을 평가해 봐!

 부모님 응원 한마디

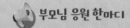

교과서 **덧셈과 뺄셈**

⑪ 받아내림이 있는 (두 자리 수)−(한 자리 수)⑴

● 24−9를 계산해 볼까요?

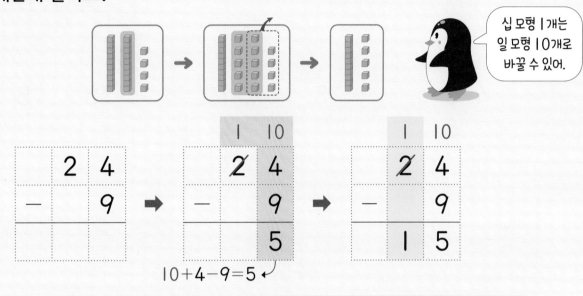

십 모형 1개는 일 모형 10개로 바꿀 수 있어.

$$10+4-9=5$$

① 일의 자리 수끼리 뺄 수 없으면 십의 자리에서 10을 받아내림합니다.
② 일의 자리로 받아내림하고 남은 수를 십의 자리에 내려씁니다.

1~6 뺄셈을 하세요.

1
```
    2 1
  −   6
```

2
```
    3 5
  −   9
```

3
```
    6 6
  −   8
```

4
```
    7 3
  −   7
```

5
```
    9 4
  −   5
```

6
```
    8 7
  −   9
```

7
$$\begin{array}{r} 2\ 2 \\ -\ \ \ 8 \\ \hline \end{array}$$

12
$$\begin{array}{r} 5\ 2 \\ -\ \ \ 7 \\ \hline \end{array}$$

17
$$\begin{array}{r} 3\ 4 \\ -\ \ \ 5 \\ \hline \end{array}$$

8
$$\begin{array}{r} 4\ 3 \\ -\ \ \ 5 \\ \hline \end{array}$$

13
$$\begin{array}{r} 9\ 1 \\ -\ \ \ 4 \\ \hline \end{array}$$

18
$$\begin{array}{r} 5\ 1 \\ -\ \ \ 2 \\ \hline \end{array}$$

9
$$\begin{array}{r} 7\ 4 \\ -\ \ \ 9 \\ \hline \end{array}$$

14
$$\begin{array}{r} 8\ 6 \\ -\ \ \ 9 \\ \hline \end{array}$$

19
$$\begin{array}{r} 6\ 3 \\ -\ \ \ 7 \\ \hline \end{array}$$

10
$$\begin{array}{r} 3\ 7 \\ -\ \ \ 8 \\ \hline \end{array}$$

15
$$\begin{array}{r} 4\ 4 \\ -\ \ \ 6 \\ \hline \end{array}$$

20
$$\begin{array}{r} 9\ 5 \\ -\ \ \ 8 \\ \hline \end{array}$$

11
$$\begin{array}{r} 6\ 6 \\ -\ \ \ 7 \\ \hline \end{array}$$

16
$$\begin{array}{r} 7\ 4 \\ -\ \ \ 8 \\ \hline \end{array}$$

21
$$\begin{array}{r} 8\ 4 \\ -\ \ \ 7 \\ \hline \end{array}$$

22 43-9

23 62-7

24 85-6

25 33-7

26 91-2

27 44-9

28 81-2

29~34 빈칸에 알맞은 수를 써넣으세요.

29
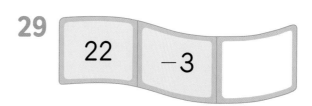
22 | -3 |

30
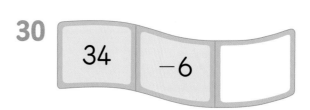
34 | -6 |

31

65 | -9 |

32
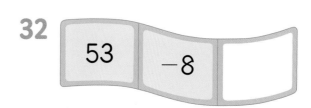
53 | -8 |

33
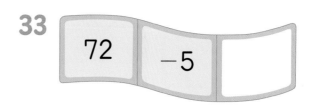
72 | -5 |

34
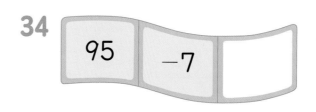
95 | -7 |

사다리 타기

사다리 타기는 세로선을 따라 아래로 내려가다가 가로선을 만나면 가로로 이동하고, 다시 세로선을 만나면 세로선을 따라 아래로 내려가는 놀이입니다. 주어진 식의 계산 결과를 사다리를 타고 내려가서 도착한 곳에 써넣으세요.

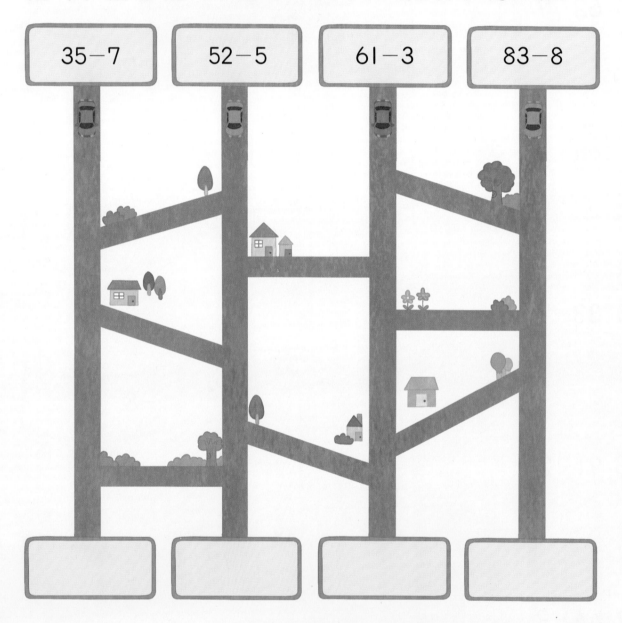

| 35−7 | 52−5 | 61−3 | 83−8 |

📖 교과서 **덧셈과 뺄셈**

4주 **4**일 ⑫ **받아내림이 있는 (두 자리 수)−(한 자리 수)(2)**

● 43−7을 계산해 볼까요?

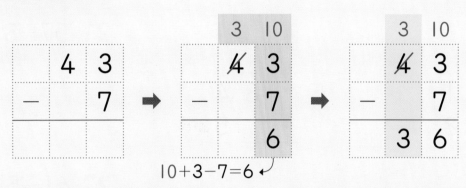

	3	10
4̸	3
−	7
	6

10+3−7=6

	3	10
4̸	3
−	7
3	6

일의 자리 수끼리 뺄 수 없으면 십의 자리에서 10을 받아내림해.

1~9 뺄셈을 하세요.

1

	3	1
−		5

2

	2	5
−		9

3

	5	5
−		6

4

	4	8
−		9

5

	6	1
−		2

6

	7	4
−		7

7

	9	1
−		8

8

	3	6
−		7

9

	8	2
−		4

10~26 빼셈을 하세요.

10
```
   2 6
 -   7
```

15
```
   4 1
 -   9
```

20 34−9

21 57−8

11
```
   3 1
 -   8
```

16
```
   8 4
 -   5
```

22 61−5

12
```
   5 7
 -   9
```

17
```
   6 4
 -   6
```

23 72−4

13
```
   7 3
 -   8
```

18
```
   8 2
 -   5
```

24 45−9

25 23−6

14
```
   6 5
 -   6
```

19
```
   3 2
 -   7
```

26 98−9

27

$32 \rightarrow$ 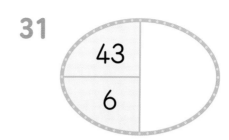 $-4 \rightarrow$ ▢

31

43
6

28

$82 \rightarrow$ 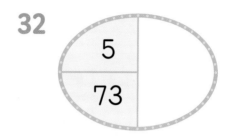 $-9 \rightarrow$ ▢

32

5
73

29

$55 \rightarrow$ 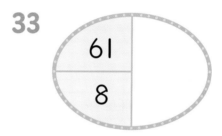 $-8 \rightarrow$ ▢

33

61
8

30

$77 \rightarrow$ 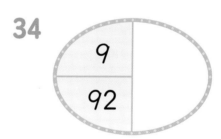 $-9 \rightarrow$ ▢

34

9
92

현지는 지우개 21개 중 5개를 동생에게 주었습니다. 남은 지우개는 몇 개인가요?

처음 지우개의 수: ▢ 개, 동생에게 준 지우개의 수: ▢ 개

(남은 지우개의 수)=(처음 지우개의 수)−(동생에게 준 지우개의 수)

= ▢ − ▢ = ▢ (개)   답 ▢ 개

여행용 가방 찾기

해수와 친구들은 수학 여행을 가려고 합니다. 여행용 가방을 한곳에 모아 찾기 쉽도록 번호표를 붙여 놓았습니다. 여행용 가방에 붙여 놓은 번호표의 수는 해수와 친구들이 말하는 식의 계산 결과입니다. 보기 에서 여행용 가방을 찾아 □ 안에 알맞은 기호를 써넣으세요.

보기

ㄱ 45 ㄴ 27 ㄷ 19 ㄹ 57

해수
내 여행용 가방에 붙여 놓은 번호표의 수는 25-6이야.

현지
내 여행용 가방은 35-8의 값! 한번 찾아볼래?

현범
나는 여행용 가방에 54-9의 값의 번호표를 붙여 놓았어.

연주
내 여행용 가방 함께 찾아줄래? 내 번호표는 63-6의 값이야.

📖 교과서 **덧셈과 뺄셈**

⑬ 받아내림이 있는 (몇십)−(두 자리 수)⑴

● 40−24를 계산해 볼까요?

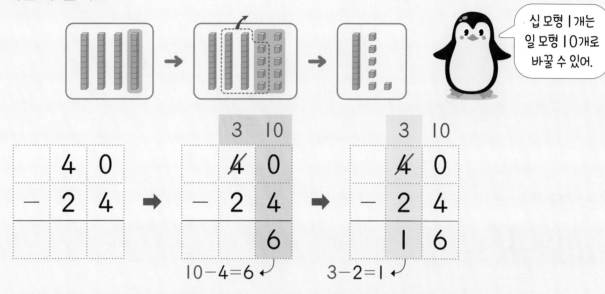

십 모형 1개는 일 모형 10개로 바꿀 수 있어.

$10-4=6$

$3-2=1$

① 0에서 몇을 뺄 수 없으므로 십의 자리에서 10을 받아내림합니다.
② 일의 자리로 받아내림하고 남은 수에서 십의 자리 수를 뺍니다.

1~6 뺄셈을 하세요.

1
```
  2 0
− 1 3
```

3
```
  3 0
− 1 7
```

5
```
  9 0
− 7 2
```

2
```
  5 0
− 2 9
```

4
```
  8 0
− 4 5
```

6
```
  7 0
− 3 6
```

7
```
    5 0
 -  1 1
```

12
```
    7 0
 -  4 9
```

17
```
    3 0
 -  2 4
```

8
```
    4 0
 -  3 4
```

13
```
    9 0
 -  5 6
```

18
```
    2 0
 -  1 6
```

9
```
    6 0
 -  2 8
```

14
```
    8 0
 -  3 7
```

19
```
    4 0
 -  2 9
```

10
```
    2 0
 -  1 2
```

15
```
    5 0
 -  2 3
```

20
```
    9 0
 -  4 4
```

11
```
    3 0
 -  1 3
```

16
```
    6 0
 -  4 8
```

21
```
    7 0
 -  3 1
```

22 50−14

23 40−27

24 20−15

25 60−33

26 30−22

27 90−49

28 80−56

29
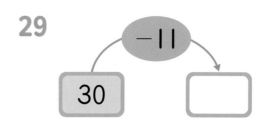

30
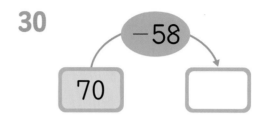

31
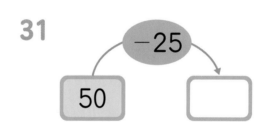

32
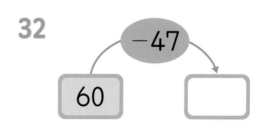

33
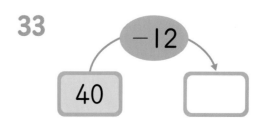

맛있는 요리법

다음은 떡볶이의 요리법입니다. 순서에 따라 요리법을 살펴보세요.

매콤달콤한 떡볶이 만들기

〈재료〉 * g은 무게의 단위, mL는 들이의 단위입니다.

떡 160 g, 어묵 40 g, 양배추 60 g, 대파 35 g, 물 400 mL, 진간장 15 mL, 설탕 15 g, 고추장 20 g, 고춧가루 10 g

〈만드는 법〉

① 어묵, 양배추, 대파는 먹기 좋은 적당한 크기로 썰어요.

② 냄비에 물, 진간장, 설탕, 고추장, 고춧가루, 양배추, 대파를 넣고 끓이기 시작해요.

③ 떡은 물에 가볍게 씻어요.

④ 국물이 끓기 시작하면 떡과 어묵을 넣고 더 끓여요.

⑤ 국물이 걸쭉해지도록 졸이면 완성돼요.

위의 요리법에서 떡볶이에 넣은 양배추와 대파의 무게의 차는 몇 g인가요?

4주 5일
정답 확인

오늘 나의 실력을 평가해 봐!

부모님 응원 한마디

교과서 **덧셈과 뺄셈**

⑭ 받아내림이 있는 (몇십)−(두 자리 수)(2)

● 50−13을 계산해 볼까요?

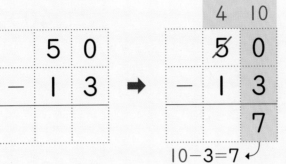

10−3=7

4−1=3

0에서 몇을 뺄 수 없으니까 십의 자리에서 10을 받아내림해.

1~9 뺄셈을 하세요.

1

$$\begin{array}{r} 4\ 0 \\ -\ 1\ 9 \\ \hline \end{array}$$

2

$$\begin{array}{r} 6\ 0 \\ -\ 2\ 7 \\ \hline \end{array}$$

3

$$\begin{array}{r} 3\ 0 \\ -\ 2\ 5 \\ \hline \end{array}$$

4

$$\begin{array}{r} 7\ 0 \\ -\ 3\ 2 \\ \hline \end{array}$$

5

$$\begin{array}{r} 9\ 0 \\ -\ 5\ 3 \\ \hline \end{array}$$

6

$$\begin{array}{r} 2\ 0 \\ -\ 1\ 1 \\ \hline \end{array}$$

7

$$\begin{array}{r} 5\ 0 \\ -\ 2\ 4 \\ \hline \end{array}$$

8

$$\begin{array}{r} 7\ 0 \\ -\ 5\ 6 \\ \hline \end{array}$$

9

$$\begin{array}{r} 8\ 0 \\ -\ 4\ 8 \\ \hline \end{array}$$

10
```
   2 0
 - 1 7
```

15
```
   8 0
 - 6 3
```

20 90-14

21 40-36

11
```
   5 0
 - 3 9
```

16
```
   6 0
 - 3 5
```

22 20-18

12
```
   7 0
 - 2 8
```

17
```
   3 0
 - 1 2
```

23 80-51

13
```
   9 0
 - 3 4
```

18
```
   5 0
 - 1 8
```

24 70-29

25 60-45

14
```
   4 0
 - 2 2
```

19
```
   7 0
 - 3 7
```

26 30-23

27~30 빈칸에 두 수의 차를 써넣으세요.   31~34 빈칸에 알맞은 수를 써넣으세요.

27

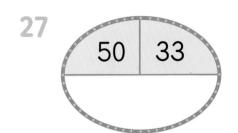
50 | 33

28

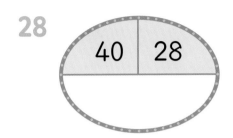
40 | 28

29

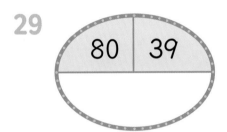
80 | 39

30

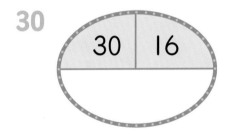
30 | 16

31

─ ─⊖─→

20	14	
90	43	

32

─ ─⊖─→

30	15	
80	67	

33

─ ─⊖─→

60	22	
70	38	

34

─ ─⊖─→

40	11	
50	36	

동물원에 긴팔원숭이 50마리, 개코원숭이 35마리가 살고 있습니다. 긴팔원숭이는 개코원숭이보다 몇 마리 더 많은가요?

긴팔원숭이의 수: ⬜마리, 개코원숭이의 수: ⬜마리

(긴팔원숭이와 개코원숭이의 수의 차)
＝(긴팔원숭이의 수)－(개코원숭이의 수)

＝⬜－⬜＝⬜(마리)   🔵답 ⬜마리

보물 찾기

탐험가 지수는 불사조, 용, 유니콘이 내는 문제 3개의 답을 맞히면 보물을 찾을
수 있습니다. 지수가 보물을 찾을 수 있도록 문제를 풀어 답을 구해 보세요.

③ 80－34

② 30－19

① 50－27

답 ①: ☐ , ②: ☐ , ③: ☐

📖 교과서 **덧셈과 뺄셈**

⑮ 받아내림이 있는 (두 자리 수)−(두 자리 수)(1)

● 53−27을 계산해 볼까요?

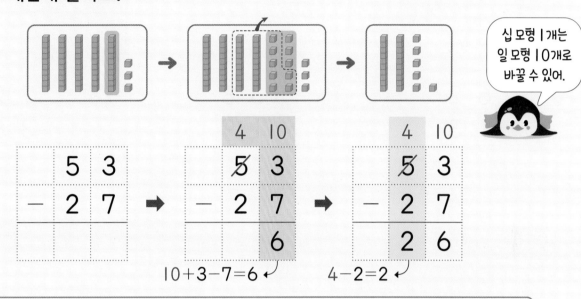

십 모형 1개는 일 모형 10개로 바꿀 수 있어.

$$10+3-7=6$$ $$4-2=2$$

① 일의 자리 수끼리 뺄 수 없으면 십의 자리에서 10을 받아내림합니다.
② 일의 자리로 받아내림하고 남은 수에서 십의 자리 수를 뺍니다.

1~6 뺄셈을 하세요.

1
```
    3 1
  − 1 9
```

3
```
    7 2
  − 2 3
```

5
```
    5 6
  − 4 7
```

2
```
    6 4
  − 3 8
```

4
```
    9 7
  − 5 9
```

6
```
    8 3
  − 1 6
```

7
```
   4 5
 - 1 6
```

12
```
   9 6
 - 5 7
```
쏙셈 3권 5주 2일 ②

17
```
   5 2
 - 1 4
```

8
```
   6 2
 - 1 3
```

13
```
   3 8
 - 1 9
```

18
```
   7 2
 - 3 8
```

9
```
   8 7
 - 2 9
```

14
```
   5 5
 - 2 7
```

19
```
   4 4
 - 2 8
```

10
```
   5 1
 - 3 5
```

15
```
   8 4
 - 3 6
```

20
```
   9 3
 - 6 9
```

11
```
   7 3
 - 4 4
```

16
```
   2 3
 - 1 8
```

21
```
   6 1
 - 3 2
```

22 46－28

23 93－54

24 67－38

25 72－49

26 35－17

27 54－26

28 87－39

29~34 □ 안에 알맞은 수를 써넣으세요.

29 32 → －18 → □

30 71 → －36 → □

31 94 → －55 → □

32 57 → －29 → □

33 64 → －15 → □

34 81 → －63 → □

길 찾기

아기 펭귄이 엄마 펭귄을 만나러 가려고 합니다. 길에 적힌 계산식이 맞는 것을 따라가면 엄마 펭귄을 만날 수 있습니다. 길을 찾아 선으로 이어 보세요.

출발	66−19=57	31−16=25
43−14=29	94−58=46	58−29=28
84−47=37	72−28=44	67−39=38
51−22=28	93−56=37	도착

5주 2일 정답 확인

오늘 나의 실력을 평가해 봐!

🐧 부모님 응원 한마디

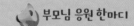

⑯ 받아내림이 있는 (두 자리 수)−(두 자리 수)⑵

● 61−42를 계산해 볼까요?

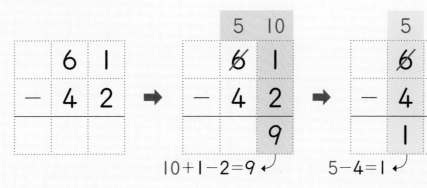

$$10+1-2=9$$
$$5-4=1$$

일의 자리로 받아내림하고 남은 수에서 십의 자리 수를 빼는 것을 잊지 마!

1~9 뺄셈을 하세요.

1.
```
    5 2
-   2 3
───────
```

2.
```
    6 3
-   1 8
───────
```

3.
```
    3 4
-   1 7
───────
```

4.
```
    7 8
-   4 9
───────
```

5.
```
    8 1
-   3 3
───────
```

6.
```
    4 4
-   1 6
───────
```

7.
```
    9 5
-   5 6
───────
```

8.
```
    2 6
-   1 9
───────
```

9.
```
    6 7
-   2 8
───────
```

10~26 뺄셈을 하세요.

10
```
    4 1
  - 3 7
```

11
```
    6 2
  - 2 7
```

12
```
    9 4
  - 4 5
```

13
```
    8 5
  - 2 6
```

14
```
    7 3
  - 3 9
```

15
```
    5 2
  - 2 4
```

16
```
    3 3
  - 1 7
```

17
```
    7 4
  - 2 8
```

18
```
    6 6
  - 3 7
```

19
```
    9 1
  - 5 6
```

20 36−29

21 68−19

22 55−18

23 92−46

24 76−38

25 81−55

26 43−16

27~29 □ 안에 알맞은 수를 써넣으세요.　　**30~32** 빈칸에 알맞은 수를 써넣으세요.

27 47
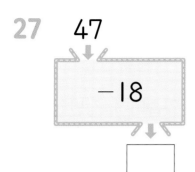

30
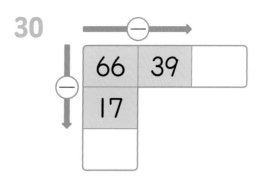

28 72
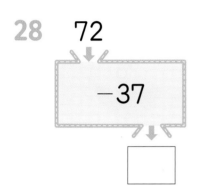

31
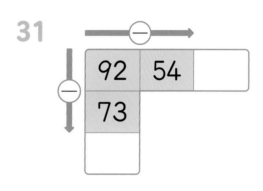

29 83
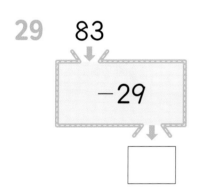

32
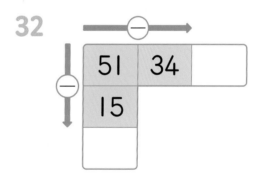

블루베리가 42개 있었는데 윤후가 15개 먹었습니다. 남은 블루베리는 몇 개인가요?

처음 블루베리의 수: ☐ 개, 윤후가 먹은 블루베리의 수: ☐ 개

(남은 블루베리의 수)

＝(처음 블루베리의 수)−(윤후가 먹은 블루베리의 수)

＝ ☐ − ☐ ＝ ☐ (개)　　　답 ☐ 개

장난감 찾기

뽑기 기계에서 뽑은 4개의 캡슐 안에 장난감이 1개씩 들어 있습니다. 장난감들이 하는 말을 보고 장난감이 각각 어느 캡슐에 들어 있는지 찾으려고 합니다. 각 장난감에 해당하는 캡슐을 보기 에서 찾아 □ 안에 알맞은 기호를 써넣으세요.

보기

| 18 | 24 | 28 | 36 |
| ㉠ | ㉡ | ㉢ | ㉣ |

내가 있는 캡슐은 42-18의 값이 적혀 있어.

□

나는 64-28의 값이 적혀 있는 캡슐에 있어.

□

나는 57-39의 값이 적혀 있는 캡슐에 있어. 날 찾아 줄래?

□

나는 73-45가 나타내는 수를 찾으면 돼.

□

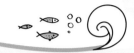
⑰ 세 수의 덧셈

● 13+19+8을 계산해 볼까요?

세 수의 덧셈은 두 수를 먼저 더한 다음 남은 한 수를 더합니다.

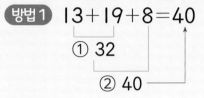

방법 1 13+19+8=40
① 32
② 40

$$
\begin{array}{r} 1\ 3 \\ +\ 1\ 9 \\ \hline 3\ 2 \end{array}
\qquad
\begin{array}{r} 3\ 2 \\ +\ \ \ 8 \\ \hline 4\ 0 \end{array}
$$

방법 2 13+19+8=40
① 27
② 40

$$
\begin{array}{r} 1\ 9 \\ +\ \ \ 8 \\ \hline 2\ 7 \end{array}
\qquad
\begin{array}{r} 2\ 7 \\ +\ 1\ 3 \\ \hline 4\ 0 \end{array}
$$

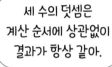

세 수의 덧셈은
계산 순서에 상관없이
결과가 항상 같아.

1~6 ☐ 안에 알맞은 수를 써넣으세요.

1 17+9+4=☐

4 29+6+5=☐

2 28+7+8=☐

5 34+13+5=☐

3 46+18+9=☐

6 57+16+17=☐

7   5+16+35

14   14+7+38

8   52+4+17

15   46+4+13

9   22+15+14

16   20+27+3

10   43+18+9

17   13+19+36

11   27+26+39

18   25+45+8

12   64+7+16

19   33+17+26

13   34+28+11

20   68+12+2

21~28 빈칸에 알맞은 수를 써넣으세요.

21 26 +5 +17 [ ]

25 42 +9 +23 [ ]

22 17 +13 +24 [ ]

26 54 +19 +17 [ ]

23 38 +6 +27 [ ]

27 23 +28 +16 [ ]

24 44 +18 +8 [ ]

28 64 +4 +14 [ ]

연못에 오리가 24마리 있었습니다. 오리 9마리가 날아오고, 16마리가 더 날아왔습니다. 연못에 있는 오리는 몇 마리인가요?

처음 오리 수: [ ]마리, 날아온 오리 수: [ ]마리, 더 날아온 오리 수: [ ]마리

(연못에 있는 오리 수)

=(처음 오리 수)+(날아온 오리 수)+(더 날아온 오리 수)

=[ ]+[ ]+[ ]=[ ](마리)   답 [ ]마리

풍선 맞히기

혜미와 범규는 풍선 맞히기 놀이를 하고 있습니다. 한 사람이 3번씩 다트를 던지고 맞힌 풍선의 색깔에 따라 얻는 점수가 다릅니다. 두 사람이 맞힌 풍선을 보고 전체 점수가 더 높은 사람의 이름을 써 보세요.

혜미가 맞힌 풍선

범규가 맞힌 풍선

풍선의 점수

25 37 19 18 26 35 17

⑱ 세 수의 뺄셈

● 24−6−9를 계산해 볼까요?

세 수의 뺄셈은 앞에서부터 두 수씩 차례로 계산합니다.

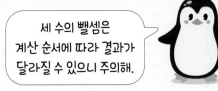

$$24-6-9=9$$
① 18
② 9

```
   2 4        → 1 8
 −   6      −   9
 ─────      ─────
   1 8          9
```

세 수의 뺄셈은
계산 순서에 따라 결과가
달라질 수 있으니 주의해.

1~6 □ 안에 알맞은 수를 써넣으세요.

1 35−7−11= ☐

4 21−5−13= ☐

2 43−18−17= ☐

5 56−27−14= ☐

3 62−15−8= ☐

6 75−39−19= ☐

7 47−8−24

8 32−17−6

9 66−29−26

10 51−16−19

11 84−48−17

12 70−32−9

13 41−15−10

14 25−9−7

15 73−24−12

16 90−45−37

17 82−36−18

18 50−5−27

19 44−26−4

20 65−19−11

빈칸에 알맞은 수를 써넣으세요.

21

-7 -18

56 ☐

22

-35 -29

83 ☐

23

-16 -54

94 ☐

24

-13 -22

60 ☐

25

-47 -8

74 ☐

26

-25 -38

92 ☐

27

-7 -14

48 ☐

28

-56 -16

81 ☐

식탁 위에 만두가 34개 있었습니다. 그중 현우가 6개를 먹고, 동생이 9개를 먹었습니다. 남은 만두는 몇 개인가요?

처음 만두 수: ☐개, 현우가 먹은 만두 수: ☐개, 동생이 먹은 만두 수: ☐개

(남은 만두 수)
=(처음 만두 수)−(현우가 먹은 만두 수)−(동생이 먹은 만두 수)
= ☐ − ☐ − ☐ = ☐ (개)   답 ☐ 개

도서관 찾기

태우는 도서관에 가려고 합니다. 갈림길 문제의 답을 따라가면 도서관에 도착할 수 있습니다. 길을 올바르게 따라가 도서관을 찾아 번호를 써 보세요.

태우야! 어디 가는 중이야?

도서관에 가는 중이야. 세 수의 뺄셈을 한 결과를 따라가면 도서관을 찾을 수 있어.

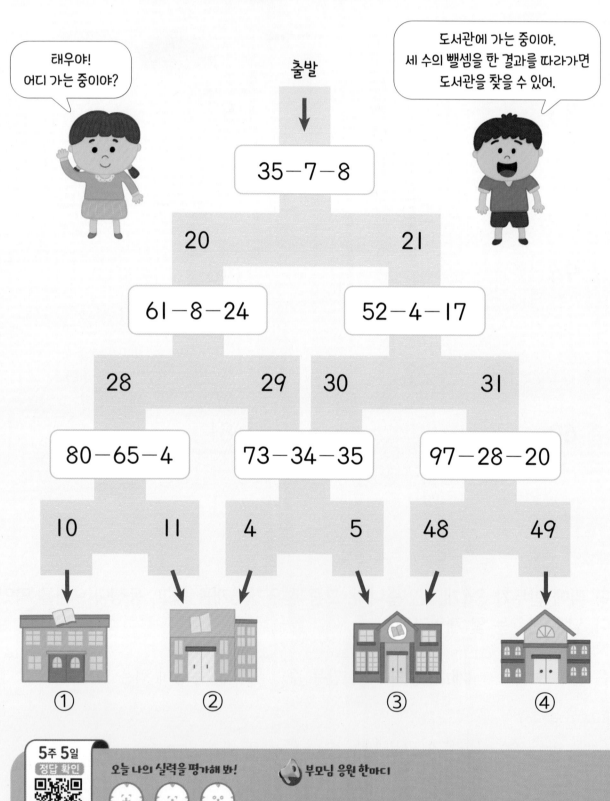

출발

$35-7-8$

20 21

$61-8-24$ $52-4-17$

28   29   30   31

$80-65-4$ $73-34-35$ $97-28-20$

10   11   4   5   48   49

①   ②   ③   ④

📖 교과서 **덧셈과 뺄셈**

⑲ 세 수의 덧셈과 뺄셈

● 15+16-5와 24-7+13을 계산해 볼까요?

덧셈과 뺄셈이 섞여 있는 세 수의 계산은 앞에서부터 두 수씩 차례로 계산합니다.

- 15+16-5=26
  ① 31
  ② 26

```
  1 5        3 1
+ 1 6      -   5
─────      ─────
  3 1        2 6
```

- 24-7+13=30
  ① 17
  ② 30

```
  2 4        1 7
-   7      + 1 3
─────      ─────
  1 7        3 0
```

덧셈과 뺄셈이 섞여 있는
세 수의 계산은 뒤에서부터
계산하면 안 돼!

1~6 ☐ 안에 알맞은 수를 써넣으세요.

1 32+8-13=☐

4 21-3+26=☐

2 47+4-22=☐

5 54-15+31=☐

3 17+36-19=☐

6 60-23+14=☐

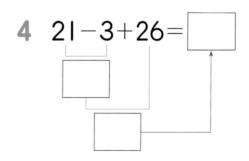
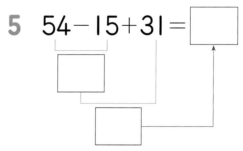

7 24+7-12

14 43-14+38

8 33+8-27

15 58-17+29

9 61+11-43

16 71-5+16

10 72+15-19

17 93-57+42

11 56+42-69

18 80-4+10

12 47+9-34

19 35-13+59

13 17+26-11

20 69-45+37

□ 안에 알맞은 수를 써넣으세요.

21 28 + 16 − 8 ➡ ☐

25 36 − 8 + 15 ➡ ☐

22 14 + 27 − 12 ➡ ☐

26 71 − 56 + 38 ➡ ☐

23 35 + 7 − 23 ➡ ☐

27 64 − 36 + 49 ➡ ☐

24 52 + 18 − 44 ➡ ☐

28 90 − 42 + 17 ➡ ☐

과수원에서 사과를 하온이가 25개 땄고, 동생이 9개 땄습니다. 다음 날 이웃집에 사과를 5개 주었다면 이웃집에 주고 남은 사과는 몇 개인가요?

하온이가 딴 사과 수: ☐ 개, 동생이 딴 사과 수: ☐ 개, 이웃집에 준 사과 수: ☐ 개

(이웃집에 주고 남은 사과 수)

=(하온이가 딴 사과 수)+(동생이 딴 사과 수)−(이웃집에 준 사과 수)

= ☐ + ☐ − ☐ = ☐ (개)   답 ☐ 개

선 잇기

우주 비행사와 우주 정거장이 있습니다. 계산 결과에 알맞게 선으로 이어 보세요.

31+19−8

55−27+4

27+24−5

68−29+8

47

42

46

32

⑳ 덧셈과 뺄셈의 관계(1)

● 덧셈식을 뺄셈식으로 나타내 볼까요?

16	9

25

$$16+9=25 <\begin{array}{l} 25-16=9 \\ 25-9=16 \end{array}$$

● 뺄셈식을 덧셈식으로 나타내 볼까요?

21

15	6

$$21-15=6 <\begin{array}{l} 6+15=21 \\ 15+6=21 \end{array}$$

하나의 덧셈식을
2개의 뺄셈식으로
나타낼 수 있고,
하나의 뺄셈식을
2개의 덧셈식으로
나타낼 수 있어.

1~2 그림을 보고 덧셈식을 뺄셈식으로 나타내 보세요.

1

18	5

23

$$18+5=23$$

$$23-18=\boxed{}$$

$$\boxed{}-5=18$$

2

13	28

41

$$13+28=41$$

$$\boxed{}-13=28$$

$$41-28=\boxed{}$$

3~4 그림을 보고 뺄셈식을 덧셈식으로 나타내 보세요.

3

26

7	19

$$26-7=19$$

$$19+7=\boxed{}$$

$$7+\boxed{}=26$$

4

44

29	15

$$44-29=15$$

$$15+29=\boxed{}$$

$$29+\boxed{}=44$$

5 $26+8=34$

$34-\boxed{}=\boxed{}$

$\boxed{}-8=\boxed{}$

6 $32+9=41$

$41-\boxed{}=\boxed{}$

$\boxed{}-9=\boxed{}$

7 $28+22=50$

$\boxed{}-28=\boxed{}$

$50-\boxed{}=\boxed{}$

8 $59+3=62$

$62-\boxed{}=\boxed{}$

$\boxed{}-3=\boxed{}$

9 $48+24=72$

$\boxed{}-48=\boxed{}$

$72-\boxed{}=\boxed{}$

10 $33-19=14$

$\boxed{}+19=\boxed{}$

$\boxed{}+14=\boxed{}$

11 $21-5=16$

$16+\boxed{}=\boxed{}$

$5+\boxed{}=\boxed{}$

12 $42-7=35$

$35+\boxed{}=\boxed{}$

$7+\boxed{}=\boxed{}$

13 $55-26=29$

$\boxed{}+26=\boxed{}$

$\boxed{}+29=\boxed{}$

14 $80-36=44$

$44+\boxed{}=\boxed{}$

$36+\boxed{}=\boxed{}$

15

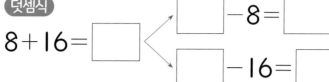

덧셈식

$8+16=\boxed{}$

$\boxed{}-8=\boxed{}$

$\boxed{}-16=\boxed{}$

16

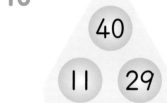

뺄셈식

$40-11=\boxed{}$

$\boxed{}+11=\boxed{}$

$\boxed{}+29=\boxed{}$

17

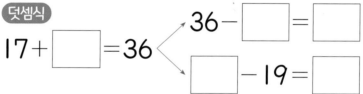

덧셈식

$17+\boxed{}=36$

$36-\boxed{}=\boxed{}$

$\boxed{}-19=\boxed{}$

18

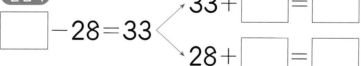

뺄셈식

$\boxed{}-28=33$

$33+\boxed{}=\boxed{}$

$28+\boxed{}=\boxed{}$

19

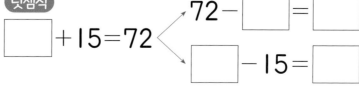

덧셈식

$\boxed{}+15=72$

$72-\boxed{}=\boxed{}$

$\boxed{}-15=\boxed{}$

숨은 그림 찾기

다음 그림에서 숨은 그림 5개를 모두 찾아 ○표 하세요.

고구마   군밤   칫솔   장화   두루마리 휴지

㉑ 덧셈과 뺄셈의 관계(2)

● 덧셈식을 뺄셈식으로, 뺄셈식을 덧셈식으로 나타내 볼까요?

• 덧셈식을 뺄셈식으로 나타내기

$$13+8=21 \begin{cases} 21-13=8 \\ 21-8=13 \end{cases}$$

• 뺄셈식을 덧셈식으로 나타내기

$$24-18=6 \begin{cases} 6+18=24 \\ 18+6=24 \end{cases}$$

가장 큰 수가 덧셈식에서는 맨 뒤에, 뺄셈식에서는 맨 앞에 와.

1~3 덧셈식을 뺄셈식으로 나타내 보세요.

1 $14+8=22$

$$\begin{cases} 22-14=\boxed{} \\ \boxed{}-8=14 \end{cases}$$

2 $12+28=40$

$$\begin{cases} \boxed{}-12=28 \\ 40-28=\boxed{} \end{cases}$$

3 $46+6=52$

$$\begin{cases} 52-\boxed{}=6 \\ 52-\boxed{}=46 \end{cases}$$

4~6 뺄셈식을 덧셈식으로 나타내 보세요.

4 $20-4=16$

$$\begin{cases} 16+4=\boxed{} \\ 4+\boxed{}=20 \end{cases}$$

5 $35-18=17$

$$\begin{cases} 17+18=\boxed{} \\ 18+\boxed{}=35 \end{cases}$$

6 $48-19=29$

$$\begin{cases} 29+19=\boxed{} \\ 19+\boxed{}=48 \end{cases}$$

7 $13+9=22$

$22-\boxed{}=\boxed{}$

$\boxed{}-9=\boxed{}$

8 $37+7=44$

$44-\boxed{}=\boxed{}$

$\boxed{}-7=\boxed{}$

9 $25+36=61$

$\boxed{}-25=\boxed{}$

$61-\boxed{}=\boxed{}$

10 $46+19=65$

$\boxed{}-46=\boxed{}$

$65-\boxed{}=\boxed{}$

11 $54+29=83$

$83-\boxed{}=\boxed{}$

$\boxed{}-29=\boxed{}$

12 $25-6=19$

$\boxed{}+6=\boxed{}$

$\boxed{}+19=\boxed{}$

13 $43-14=29$

$29+\boxed{}=\boxed{}$

$14+\boxed{}=\boxed{}$

14 $53-36=17$

$17+\boxed{}=\boxed{}$

$36+\boxed{}=\boxed{}$

15 $74-47=27$

$\boxed{}+47=\boxed{}$

$\boxed{}+27=\boxed{}$

16 $82-68=14$

$14+\boxed{}=\boxed{}$

$68+\boxed{}=\boxed{}$

17~19 수 카드 3장을 이용하여 덧셈식과 뺄셈식을 만들어 보세요.

17

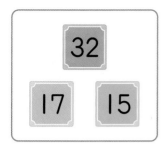

32, 17, 15

17+□=□
15+□=□

□−□=15
□−□=17

18

8, 44, 36

□+36=□
□+8=□

□−□=36
□−□=8

19

29, 24, 53

24+□=□
29+□=□

□−□=29
□−□=24

연산+

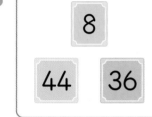

공 34, 37, 71에 적힌 수를 이용하여 덧셈식과 뺄셈식을 만들어 보세요.

작은 두 수를 더하여 가장 큰 수가 되도록 덧셈식을 만들면

34+□=□, □+□=□입니다.

덧셈식으로 뺄셈식을 만들면

□−34=□, □−□=□입니다.

답 덧셈식 34+□=□, □+□=□

뺄셈식 □−34=□, □−□=□

생일 선물 찾기

현범이는 희주의 생일 선물을 준비했습니다. 덧셈식을 뺄셈식으로, 뺄셈식을 덧셈식으로 나타낸 것이 맞으면 ➡의 방향으로, 틀리면 ⬇의 방향으로 화살표를 따라가면 현범이가 희주에게 주려는 생일 선물을 찾을 수 있습니다. 생일 선물을 찾아 써 보세요.

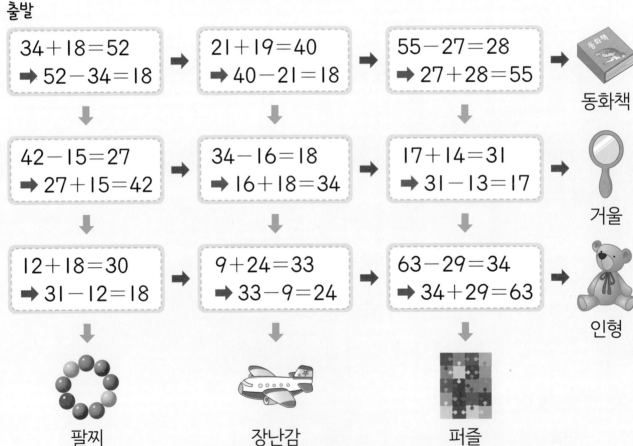

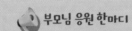

교과서 **덧셈과 뺄셈**

6주 4일

㉒ 덧셈식에서 □의 값 구하기(1)

● 덧셈식에서 □의 값을 구해 볼까요?

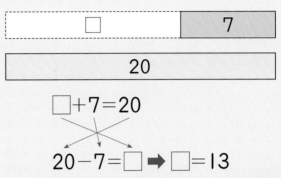

13	□

20

$13+\square=20$

$20-13=\square \Rightarrow \square=7$

□	7

20

$\square+7=20$

$20-7=\square \Rightarrow \square=13$

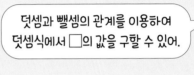 덧셈과 뺄셈의 관계를 이용하여 덧셈식에서 □의 값을 구할 수 있어.

1~4 그림을 보고 □ 안에 알맞은 수를 써넣으세요.

1

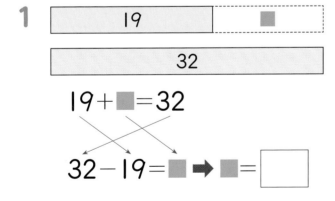

19	■

32

$19+\blacksquare=32$

$32-19=\blacksquare \Rightarrow \blacksquare=\boxed{}$

3

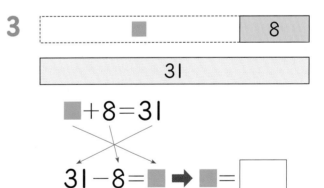

■	8

31

$\blacksquare+8=31$

$31-8=\blacksquare \Rightarrow \blacksquare=\boxed{}$

2

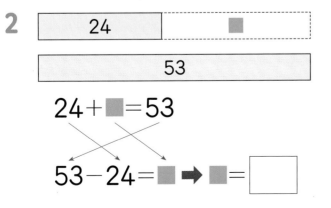

24	■

53

$24+\blacksquare=53$

$53-24=\blacksquare \Rightarrow \blacksquare=\boxed{}$

4

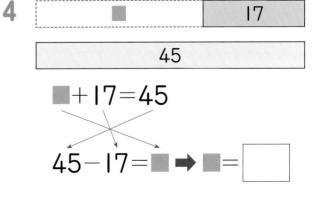

■	17

45

$\blacksquare+17=45$

$45-17=\blacksquare \Rightarrow \blacksquare=\boxed{}$

5 $19 + \boxed{} = 27$

12 $\boxed{} + 16 = 31$

6 $25 + \boxed{} = 30$

13 $\boxed{} + 27 = 33$

7 $14 + \boxed{} = 31$

14 $\boxed{} + 18 = 42$

8 $48 + \boxed{} = 60$

15 $\boxed{} + 33 = 50$

9 $37 + \boxed{} = 65$

16 $\boxed{} + 44 = 53$

10 $62 + \boxed{} = 81$

17 $\boxed{} + 24 = 61$

11 $13 + \boxed{} = 71$

18 $\boxed{} + 29 = 72$

19 19 → + □ → 37

20 22 → + □ → 51

21 26 → + □ → 63

22 57 → + □ → 81

23 36 → + □ → 74

24 28 → + □ → 90

25 □ → +25 → 54

26 □ → +8 → 25

27 □ → +3 → 42

28 □ → +16 → 41

29 □ → +17 → 64

30 □ → +39 → 88

도둑 찾기

어느 날 한 보석 판매점에 도둑이 들어 보석을 훔쳐 갔습니다. 사건 단서 ①, ②, ③의 식의 □ 안에 알맞은 수에 해당하는 글자를 사건 단서 해독표에서 찾아 차례로 쓰면 도둑의 이름을 알 수 있습니다. 명탐정과 함께 주어진 단서를 가지고 도둑의 이름을 알아보세요.

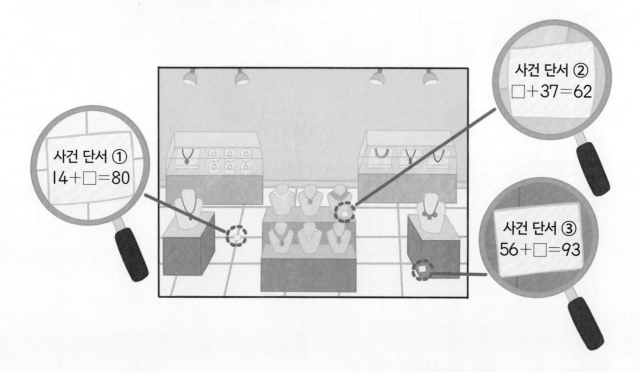

사건 단서 ①
14+□=80

사건 단서 ②
□+37=62

사건 단서 ③
56+□=93

사건 현장에서 단서를 찾아 오른쪽의 사건 단서 해독표를 이용하여 도둑의 이름을 알아봐.

<사건 단서 해독표>

박	67	영	25	준	37
이	66	기	36	남	26
김	56	정	27	훈	47

도둑의 이름은 바로 ① ② ③ 입니다.

23 덧셈식에서 □의 값 구하기(2)

● 덧셈식에서 □의 값을 구해 볼까요?

$$16+\square=33$$
$$33-16=\square \;\Rightarrow\; \square=17$$

$$\square+17=33$$
$$33-17=\square \;\Rightarrow\; \square=16$$

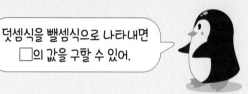

덧셈식을 뺄셈식으로 나타내면 □의 값을 구할 수 있어.

1~6 □ 안에 알맞은 수를 써넣으세요.

1 $11+\blacksquare=40$

$$40-11=\blacksquare \;\Rightarrow\; \blacksquare=\boxed{}$$

4 $\blacksquare+18=32$

$$32-18=\blacksquare \;\Rightarrow\; \blacksquare=\boxed{}$$

2 $48+\blacksquare=54$

$$54-48=\blacksquare \;\Rightarrow\; \blacksquare=\boxed{}$$

5 $\blacksquare+6=43$

$$43-6=\blacksquare \;\Rightarrow\; \blacksquare=\boxed{}$$

3 $36+\blacksquare=55$

$$55-36=\blacksquare \;\Rightarrow\; \blacksquare=\boxed{}$$

6 $\blacksquare+24=62$

$$62-24=\blacksquare \;\Rightarrow\; \blacksquare=\boxed{}$$

7 $6+\boxed{}=22$

14 $\boxed{}+34=52$

8 $36+\boxed{}=44$

15 $\boxed{}+9=24$

9 $25+\boxed{}=40$

16 $\boxed{}+28=56$

10 $13+\boxed{}=31$

17 $\boxed{}+57=62$

11 $24+\boxed{}=52$

18 $\boxed{}+12=41$

12 $54+\boxed{}=71$

19 $\boxed{}+47=54$

13 $48+\boxed{}=77$

20 $\boxed{}+65=82$

21

| 12 |
| 15 | + | | | 31 |

24

| 17 | + | | 90 | 42 |

22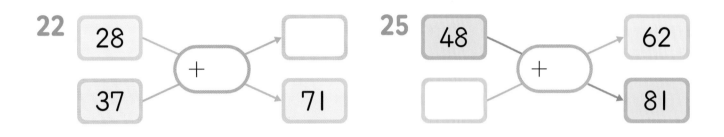

| 28 | + | | | 71 |
| 37 |

25

| 48 | + | 62 | 81 |

23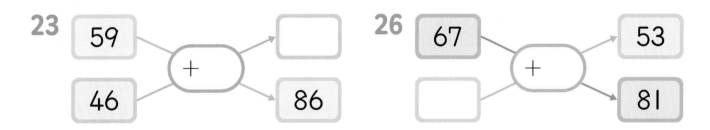

| 59 | + | | | 86 |
| 46 |

26

| 67 | + | 53 | 81 |

시우의 나이는 9살이고 시우와 어머니의 나이의 합은 45살입니다. 어머니의 나이는 몇 살인가요?

어머니의 나이를 ■살이라고 하여 덧셈식을 만들면 ⬚ + ■ = ⬚ 입니다.

→ 시우의 나이   → 시우와 어머니의 나이의 합

⬚ + ■ = ⬚ ➡ ⬚ − ⬚ = ■, ■ = ⬚

따라서 어머니의 나이는 ⬚ 살입니다.

답 ⬚ 살

점수 구하기

동규, 연주, 태우가 과녁 맞히기 놀이를 하고 있습니다. 총점은 첫 번째 과녁을 맞힌 점수와 두 번째 과녁을 맞힌 점수의 합입니다. 총점이 동규는 91점, 연주는 94점, 태우는 95점일 때 세 사람이 두 번째 과녁을 맞힌 점수는 각각 몇 점인지 구해 보세요.

첫 번째 과녁

두 번째 과녁

내 화살은 이야.

내 화살은 이야.

내 화살은 이야.

동규

연주

태우

답 동규: _____ , 연주: _____ , 태우: _____

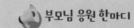

📖 교과서 **덧셈과 뺄셈**

㉔ 뺄셈식에서 □의 값 구하기(1)

● 뺄셈식에서 □의 값을 구해 볼까요?

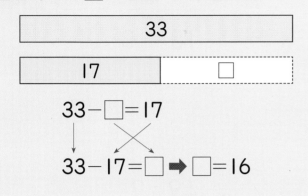

$$33 - \square = 17$$
$$33 - 17 = \square \Rightarrow \square = 16$$

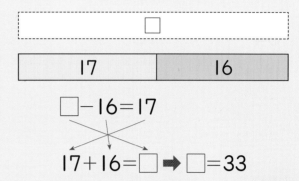

$$\square - 16 = 17$$
$$17 + 16 = \square \Rightarrow \square = 33$$

덧셈과 뺄셈의 관계를 이용하여
뺄셈식에서 □의 값을 구할 수 있어.

1~4 그림을 보고 □ 안에 알맞은 수를 써넣으세요.

1

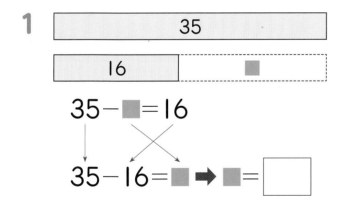

$$35 - \blacksquare = 16$$
$$35 - 16 = \blacksquare \Rightarrow \blacksquare = \boxed{}$$

3

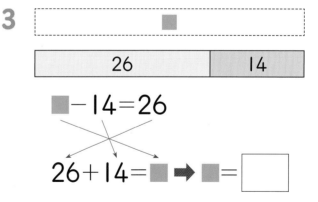

$$\blacksquare - 14 = 26$$
$$26 + 14 = \blacksquare \Rightarrow \blacksquare = \boxed{}$$

2

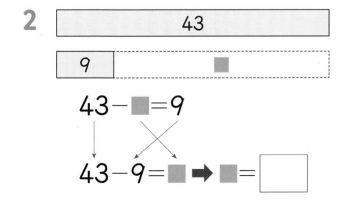

$$43 - \blacksquare = 9$$
$$43 - 9 = \blacksquare \Rightarrow \blacksquare = \boxed{}$$

4

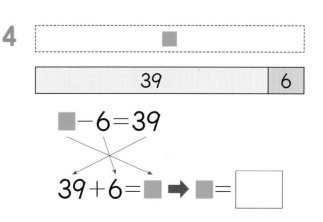

$$\blacksquare - 6 = 39$$
$$39 + 6 = \blacksquare \Rightarrow \blacksquare = \boxed{}$$

5 $20 - \boxed{} = 15$

6 $34 - \boxed{} = 18$

7 $42 - \boxed{} = 25$

8 $55 - \boxed{} = 46$

9 $31 - \boxed{} = 24$

10 $57 - \boxed{} = 39$

11 $61 - \boxed{} = 37$

12 $\boxed{} - 19 = 8$

13 $\boxed{} - 18 = 13$

14 $\boxed{} - 49 = 9$

15 $\boxed{} - 25 = 18$

16 $\boxed{} - 14 = 19$

17 $\boxed{} - 59 = 28$

18 $\boxed{} - 28 = 49$

19

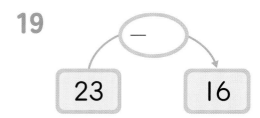

24

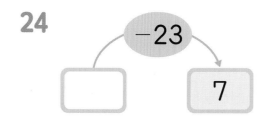

20

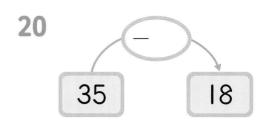

25

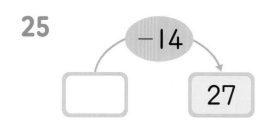

21

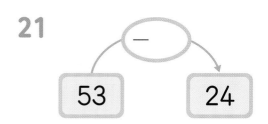

26

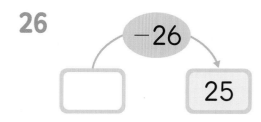

22

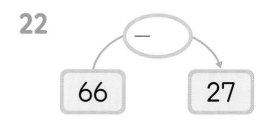

27

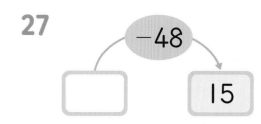

23

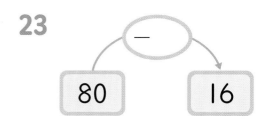

28

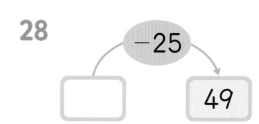

다른 그림 찾기

아래 그림에서 위 그림과 다른 부분 5군데를 모두 찾아 ○표 하세요.

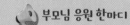

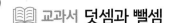

25 뺄셈식에서 □의 값 구하기(2)

● 뺄셈식에서 □의 값을 구해 볼까요?

$$40-\square=21$$
$$\downarrow \qquad \times$$
$$40-21=\square \Rightarrow \square=19$$

$$\square-19=21$$
$$\times \quad \times \quad \times$$
$$21+19=\square \Rightarrow \square=40$$

> 뺄셈식을 전체에서 빼는 부분만 달라지는 다른 뺄셈식으로 나타내거나 덧셈식으로 나타내면 □의 값을 구할 수 있어.

1~6 □ 안에 알맞은 수를 써넣으세요.

1
$$33-\blacksquare=18$$
$$\downarrow \qquad \times$$
$$33-18=\blacksquare \Rightarrow \blacksquare=\boxed{}$$

4
$$\blacksquare-15=27$$
$$\times \quad \times \quad \times$$
$$27+15=\blacksquare \Rightarrow \blacksquare=\boxed{}$$

2
$$54-\blacksquare=37$$
$$\downarrow \qquad \times$$
$$54-37=\blacksquare \Rightarrow \blacksquare=\boxed{}$$

5
$$\blacksquare-34=36$$
$$\times \quad \times \quad \times$$
$$36+34=\blacksquare \Rightarrow \blacksquare=\boxed{}$$

3
$$77-\blacksquare=29$$
$$\downarrow \qquad \times$$
$$77-29=\blacksquare \Rightarrow \blacksquare=\boxed{}$$

6
$$\blacksquare-17=45$$
$$\times \quad \times \quad \times$$
$$45+17=\blacksquare \Rightarrow \blacksquare=\boxed{}$$

7 $36 - \boxed{} = 18$

8 $42 - \boxed{} = 23$

9 $67 - \boxed{} = 8$

10 $53 - \boxed{} = 46$

11 $72 - \boxed{} = 17$

12 $85 - \boxed{} = 26$

13 $60 - \boxed{} = 29$

14 $\boxed{} - 12 = 28$

15 $\boxed{} - 27 = 7$

16 $\boxed{} - 39 = 16$

17 $\boxed{} - 14 = 18$

18 $\boxed{} - 49 = 17$

19 $\boxed{} - 45 = 49$

20 $\boxed{} - 27 = 59$

21~26 빈칸에 알맞은 수를 써넣으세요.

21

$-$

31 → 8

62 → ☐

24

$-$

45 → 28

☐ → 35

22

$-$

44 → 16

70 → ☐

25

$-$

90 → 41

☐ → 34

23

$-$

61 → 15

95 → ☐

26

$-$

77 → 38

☐ → 24

기차 한 칸에 몇 명이 타고 있었는데 정거장에서 19명이 내려서 41명이 남았습니다.
처음 기차 한 칸에 타고 있던 사람은 몇 명인가요?

처음 기차 한 칸에 타고 있던 사람을 ■명이라고 하여 뺄셈식을 만들면

┌─▶ 정거장에서 내린 사람의 수

■ − ☐ = ☐ 입니다.

└─▶ 기차에 남은 사람의 수

■ − ☐ = ☐ ➡ ☐ + ☐ = ■, ■ = ☐

따라서 처음 기차 한 칸에 타고 있던 사람은 ☐ 명입니다.

답 ☐ 명

사다리 타기

사다리 타기는 세로선을 따라 아래로 내려가다가 가로선을 만나면 가로로 이동하고, 다시 세로선을 만나면 세로선을 따라 아래로 내려가는 놀이입니다. 주어진 식의 □ 안에 알맞은 수를 사다리를 타고 내려가서 도착한 곳에 써넣으세요.

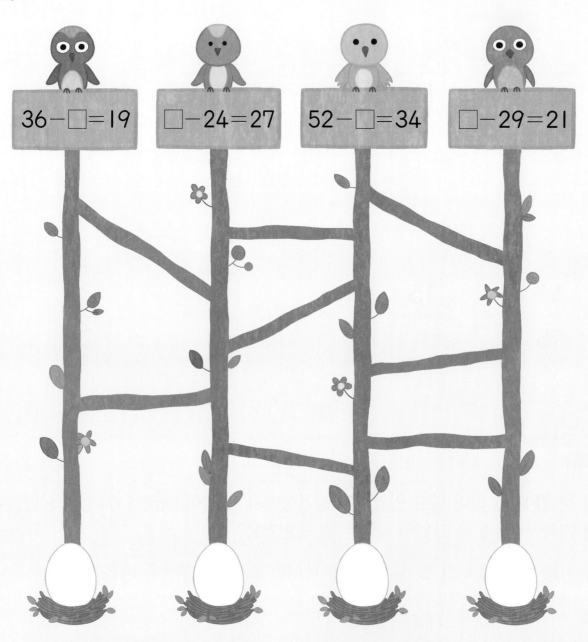

36−□=19   □−24=27   52−□=34   □−29=21

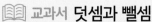 
📖 교과서 **덧셈과 뺄셈**

마무리 연산

1~2 그림을 보고 □ 안에 알맞은 수를 써넣으세요.

1

$34+7=$ ▢

2

$21-5=$ ▢

3~8 계산을 하세요.

3
```
   1 8
 +   5
```

5
```
   7 9
 + 4 6
```

7
```
   6 0
 - 3 7
```

4
```
   4 4
 + 2 9
```

6
```
   5 1
 -   3
```

8
```
   8 3
 - 5 7
```

9~12 계산을 하세요.

9 $87+21$

11 $70-14$

10 $45+56$

12 $64-39$

13~16 계산을 하세요.

13 6+17+28

15 59+3-25

14 65-7-19

16 72-33+54

17~18 덧셈식을 뺄셈식으로, 뺄셈식을 덧셈식으로 나타내 보세요.

17 46+5=51

51- ☐ = ☐

☐ -5= ☐

18 63-4=59

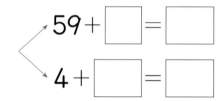

59+ ☐ = ☐

4+ ☐ = ☐

19~22 ☐ 안에 알맞은 수를 써넣으세요.

19 37+ ☐ =75

21 84- ☐ =58

20 ☐ +48=64

22 ☐ -42=49

23~26 빈칸에 알맞은 수를 써넣으세요.

23
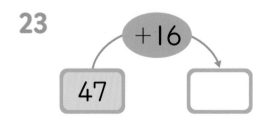

25
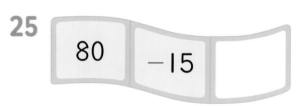

24
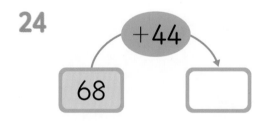

26

93 | -58 | ☐

27 바르게 계산한 것을 찾아 기호를 써 보세요.

| ㉠ 47+8=56 | ㉡ 54+26=70 | ㉢ 73+39=112 |

(   )

28 계산 결과가 44인 식을 모두 찾아 색칠해 보세요.

| 60−16 | 51−8 | 91−48 | 83−39 |

29 □ 안에 들어갈 수가 같은 것끼리 선으로 이어 보세요.

22+□=31 ·

46+□=52 ·

· □+54=60

· □+38=47

30~32 계산 결과의 크기를 비교하여 ○ 안에 > 또는 < 를 알맞게 써넣으세요.

30   25+39   ○   81−16

31   28+19+15   ○   97−18−14

32   64+27−33   ○   32−14+39

33~36 알맞은 식을 쓰고, 답을 구해 보세요.

33 | 바구니에 딸기 맛 사탕은 26개 있고, 멜론 맛 사탕은 29개 있습니다. 바구니에 있는 사탕은 모두 몇 개인가요?

⑤ _____

답 _____

34 | 체육관에 축구공은 22개, 배구공은 13개 있습니다. 축구공은 배구공보다 몇 개 더 많은가요?

⑤ _____

답 _____

35 | 주차장에 자동차가 54대 있었습니다. 자동차 19대가 더 들어왔고 27대가 빠져 나갔습니다. 주차장에 남아 있는 자동차는 몇 대인가요?

⑤ _____

답 _____

36 | 혜미는 색종이를 34장 가지고 있었는데 친구에게 몇 장을 주었더니 19장이 남았습니다. 혜미가 친구에게 준 색종이는 몇 장인지 □를 사용하여 식을 쓰고, 답을 구해 보세요.

⑤ _____

답 _____

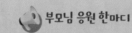

📖 교과서 곱셈

① 묶어 세기 (1)

● 구슬은 모두 몇 개인지 묶어 세어 볼까요?

방법 1 5씩 묶어 세기

5
5
5

| 5씩 3묶음 |
| 5 — 10 — 15 |

➡ 5씩 3묶음이므로
구슬은 모두 15개입니다.

방법 2 3씩 묶어 세기

3 3 3 3 3

| 3씩 5묶음 |
| 3 — 6 — 9 — 12 — 15 |

➡ 3씩 5묶음이므로
구슬은 모두 15개입니다.

1~4 모두 몇 개인지 묶어 세어 보세요.

1

4씩 ☐ 묶음

4 — 8 — ☐ ➡ ☐ 개

3

2씩 ☐ 묶음

2 — ☐ — ☐ — ☐ ➡ ☐ 개

2
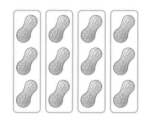

3씩 ☐ 묶음

3 — ☐ — ☐ — ☐ ➡ ☐ 개

4

6씩 ☐ 묶음

6 — ☐ — ☐ ➡ ☐ 개

5

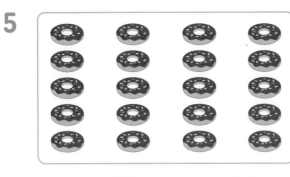

4씩 ☐ 묶음 ➡ ☐ 개

6

2씩 ☐ 묶음 ➡ ☐ 개

7

7씩 ☐ 묶음 ➡ ☐ 개

8

6씩 ☐ 묶음 ➡ ☐ 개

9

5씩 ☐ 묶음 ➡ ☐ 개

10

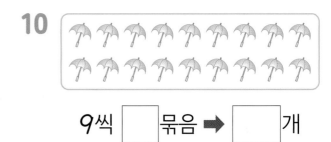

9씩 ☐ 묶음 ➡ ☐ 개

11

3씩 ☐ 묶음 ➡ ☐ 개

12

8씩 ☐ 묶음 ➡ ☐ 개

13~18 두 가지 방법으로 묶어 세어 보세요.

13

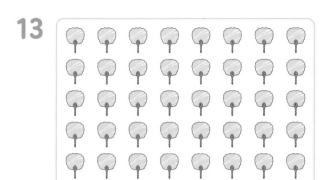

5씩 [ ] 묶음, 8씩 [ ] 묶음

➡ [ ] 개

14

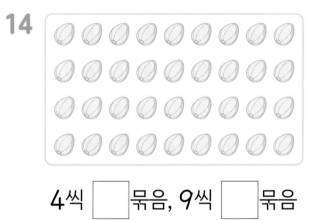

4씩 [ ] 묶음, 9씩 [ ] 묶음

➡ [ ] 개

15

6씩 [ ] 묶음, 7씩 [ ] 묶음

➡ [ ] 개

16

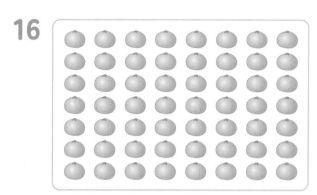

7씩 [ ] 묶음, 8씩 [ ] 묶음

➡ [ ] 개

17

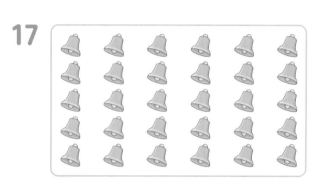

5씩 [ ] 묶음, 6씩 [ ] 묶음

➡ [ ] 개

18

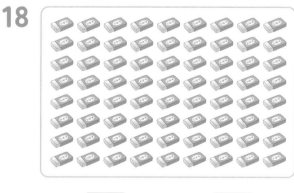

8씩 [ ] 묶음, 9씩 [ ] 묶음

➡ [ ] 개

숨은 그림 찾기

다음 그림에서 숨은 그림 5개를 모두 찾아 ○표 하세요.

| 아이스크림 | 보석 | 돋보기 | 빗 | 버섯 |

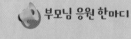

 교과서 곱셈

❷ 묶어 세기 (2)

● 빵은 모두 몇 개인지 묶어 세어 볼까요?

방법1 **4씩 묶어 세기**

4씩 9묶음

방법2 **9씩 묶어 세기**

9씩 4묶음

➡ 4씩 9묶음, 9씩 4묶음이므로 빵은 모두 **36**개입니다.

> 여러 가지 방법으로 묶어 세어 볼 수 있어.

1~4 모두 몇 개인지 묶어 세어 보세요.

1

3씩 ☐ 묶음 ➡ ☐ 개

3

5씩 ☐ 묶음 ➡ ☐ 개

2

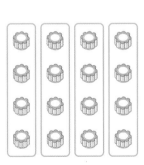

4씩 ☐ 묶음 ➡ ☐ 개

4

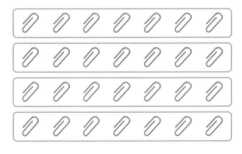

7씩 ☐ 묶음 ➡ ☐ 개

5

2씩 [ ]묶음 ➡ [ ]개

9

6씩 [ ]묶음 ➡ [ ]개

6

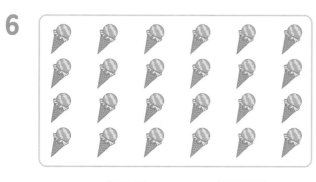

4씩 [ ]묶음 ➡ [ ]개

10

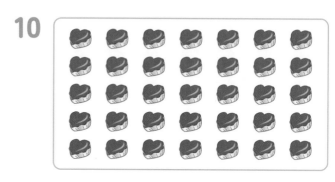

7씩 [ ]묶음 ➡ [ ]개

7

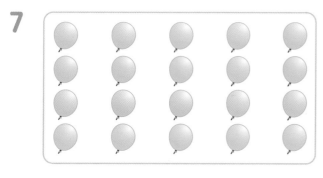

5씩 [ ]묶음 ➡ [ ]개

11

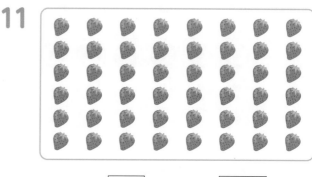

8씩 [ ]묶음 ➡ [ ]개

8

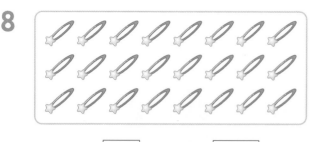

3씩 [ ]묶음 ➡ [ ]개

12

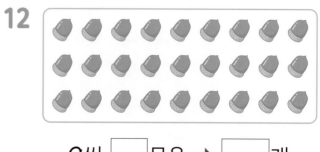

9씩 [ ]묶음 ➡ [ ]개

13

9씩 2묶음	4씩 4묶음	6씩 3묶음

15

4씩 4묶음	8씩 2묶음	5씩 3묶음

14

8씩 4묶음	4씩 8묶음	6씩 5묶음

16

9씩 4묶음	5씩 7묶음	6씩 6묶음

선생님이 반 학생들에게 핫도그를 나누어 주려고 합니다. 나누어 줄 핫도그는 모두 몇 개인지 4씩 묶어 세어 보세요.

[ ]씩 [ ]묶음이므로 나누어 줄 핫도그는 모두 [ ]개입니다.

답 [ ]개

미로 찾기

생쥐가 치즈를 찾으러 가려고 합니다. 길을 찾아 선으로 이어 보세요.

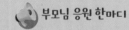

③ 몇의 몇 배 알아보기(1)

● 몇의 몇 배를 알아볼까요?

2씩 1묶음	2씩 2묶음	2씩 3묶음
2의 1배	2의 2배	2의 3배

■씩 ▲묶음은
■의 ▲배야.

1~6 그림을 보고 □ 안에 알맞은 수를 써넣으세요.

1

4씩 □ 묶음 ➡ 4의 □ 배

4

6씩 □ 묶음 ➡ 6의 □ 배

2

5씩 □ 묶음 ➡ 5의 □ 배

5

2씩 □ 묶음 ➡ 2의 □ 배

3

9씩 □ 묶음 ➡ 9의 □ 배

6

7씩 □ 묶음 ➡ 7의 □ 배

7~14 그림을 보고 ☐ 안에 알맞은 수를 써넣으세요.

7

8씩 ☐ 묶음 ➡ 8의 ☐ 배

11

2씩 ☐ 묶음 ➡ 2의 ☐ 배

8

3씩 ☐ 묶음 ➡ 3의 ☐ 배

12

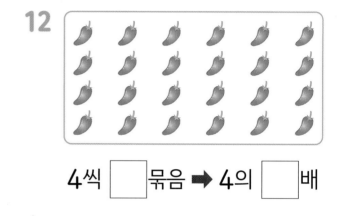

4씩 ☐ 묶음 ➡ 4의 ☐ 배

9

8씩 ☐ 묶음 ➡ 8의 ☐ 배

13

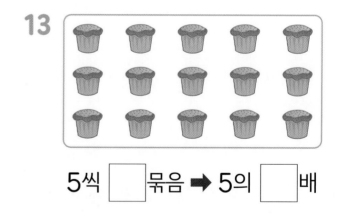

5씩 ☐ 묶음 ➡ 5의 ☐ 배

10

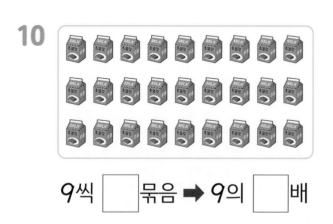

9씩 ☐ 묶음 ➡ 9의 ☐ 배

14

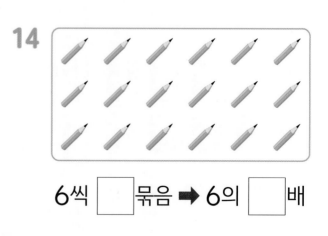

6씩 ☐ 묶음 ➡ 6의 ☐ 배

15 4씩 4묶음 ➡ □의 □배

21 2씩 6묶음 ⬇ □의 □배

16 5씩 7묶음 ➡ □의 □배

22 6씩 5묶음 ⬇ □의 □배

17 9씩 6묶음 ➡ □의 □배

23 7씩 2묶음 ⬇ □의 □배

18 7씩 8묶음 ➡ □의 □배

24 5씩 5묶음 ⬇ □의 □배

19 3씩 3묶음 ➡ □의 □배

25 9씩 4묶음 ⬇ □의 □배

20 8씩 6묶음 ➡ □의 □배

26 4씩 8묶음 ⬇ □의 □배

색칠하기

잠수함을 색칠하려고 합니다. 색칠 열쇠 의 문제를 해결하여 □ 안에 알맞은 수에 맞게 색칠해 보세요.

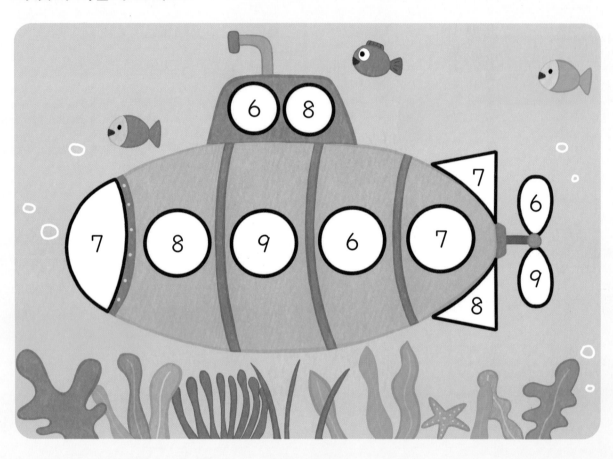

4씩 7묶음	빨간색	6씩 4묶음	파란색
➡ 4의 □배		➡ □의 4배	
5씩 8묶음	주황색	9씩 5묶음	초록색
➡ 5의 □배		➡ □의 5배	

📖 교과서 곱셈

④ 몇의 몇 배 알아보기 (2)

● 15는 3의 몇 배인지 알아볼까요?

3씩 5묶음은 3의 5배야.

15는 3씩 5묶음입니다. ➡ 15는 3의 5배입니다.

1~4 그림을 보고 □ 안에 알맞은 수를 써넣으세요.

1

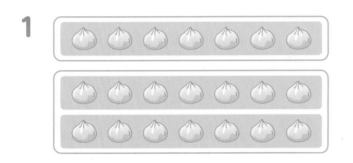

14는 7의 □ 배입니다.

3

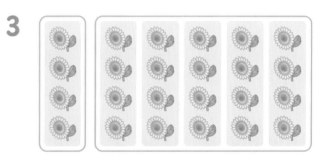

20은 4의 □ 배입니다.

2

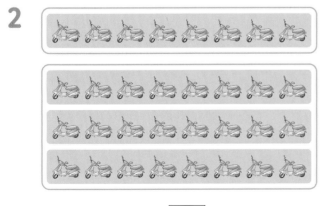

24는 8의 □ 배입니다.

4

18은 6의 □ 배입니다.

그림을 보고 전체의 수를 몇의 몇 배로 나타내려고 합니다. □ 안에 알맞은 수를 써넣으세요.

5

5의 □배, 7의 □배

9

5의 □배, 8의 □배

6

4의 □배, 7의 □배

10

4의 □배, 8의 □배

7

3의 □배, 9의 □배

11

2의 □배, 8의 □배

8

3의 □배, 7의 □배

12

4의 □배, 6의 □배

13~15 파란색 모형의 수는 빨간색 모형의 수의 몇 배인지 구해 보세요.

16~18 초록색 막대의 길이는 노란색 막대의 길이의 몇 배인지 구해 보세요.

13

☐ 배

16 3 cm

9 cm

☐ 배

14

☐ 배

17 2 cm

10 cm

☐ 배

15

☐ 배

18 6 cm

12 cm

☐ 배

연산⁺

영민이가 가지고 있는 색 테이프의 길이는 하린이가 가지고 있는 색 테이프의 길이의 몇 배인가요?

하린 5 cm

영민 15 cm

영민이가 가지고 있는 색 테이프의 길이는 하린이가 가지고 있는 색 테이프를 ☐ 번 이어 붙인 것과 같습니다.

따라서 영민이가 가지고 있는 색 테이프의 길이는 하린이가 가지고 있는 색 테이프의 길이의 ☐ 배입니다.

답 ☐ 배

다른 그림 찾기

아래 그림에서 위 그림과 다른 부분 5군데를 모두 찾아 ○표 하세요.

 공부한 날
___월 ___일

 **⑤ 곱셈식(1)**

● 곱셈식을 알아볼까요?

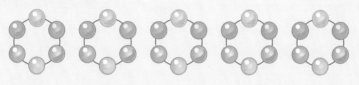

6씩 5묶음,
6의 5배를 곱셈으로
나타내면 6 × 5야.

- 6의 5배를 6 × 5라 쓰고, 6 × 5는 6 곱하기 5라고 읽습니다.
- 6+6+6+6+6은 6 × 5와 같으므로 6 × 5＝30입니다.
- 6 × 5＝30은 6 곱하기 5는 30과 같습니다라고 읽습니다.
- 6과 5의 곱은 30입니다.

1~6 그림을 보고 □ 안에 알맞은 수를 써넣으세요.

1

5의 □배 ➡ 5 × □

4

2의 □배 ➡ 2 × □

2

4의 □배 ➡ 4 × □

5

7의 □배 ➡ 7 × □

3

3의 □배 ➡ 3 × □

6

8의 □배 ➡ 8 × □

7

$8+8=\boxed{}$

➡ $8\times\boxed{}=\boxed{}$

11

$7+7+7=\boxed{}$

➡ $7\times\boxed{}=\boxed{}$

8

$6+6+6=\boxed{}$

➡ $6\times\boxed{}=\boxed{}$

12

$4+4+4+4+4=\boxed{}$

➡ $4\times\boxed{}=\boxed{}$

9

$4+4+4+4=\boxed{}$

➡ $4\times\boxed{}=\boxed{}$

13

$3+3=\boxed{}$

➡ $3\times\boxed{}=\boxed{}$

10

$5+5+5+5+5=\boxed{}$

➡ $5\times\boxed{}=\boxed{}$

14

$2+2+2+2+2+2=\boxed{}$

➡ $2\times\boxed{}=\boxed{}$

15

5×4	( )
5의 4배	( )
5+4	( )

16

4 곱하기 6	( )
4×7	( )
4씩 7묶음	( )

17

7과 7의 곱	( )
7 곱하기 7	( )
7+7	( )

18

2+2+2+2	( )
2의 5배	( )
2×4	( )

19

6씩 8묶음	( )
6+8	( )
6의 8배	( )

20

9+9	( )
9의 9배	( )
9와 9의 곱	( )

21

8×8	( )
8과 9의 곱	( )
8 곱하기 8	( )

22

3 곱하기 7	( )
3×7	( )
3×6	( )

가로세로 수 맞히기

가로세로 수 맞히기 놀이를 하려고 합니다. 가~아가 나타내는 수를 빈칸에 써넣으세요.

■씩 ▲묶음, ■의 ▲배를 곱셈으로 나타내면 ■×▲야.

하나씩 차근차근 풀어 보자!

가로 열쇠

나: 6씩 8묶음
라: 4의 4배
바: 8 곱하기 4
아: 9×4

세로 열쇠

가: 3의 8배
다: 9씩 6묶음
마: 7×9
사: 8과 7의 곱

8주 3일
정답 확인

오늘 나의 실력을 평가해 봐!

부모님 응원 한마디
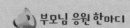

 📖 교과서 곱셈

❻ 곱셈식 (2)

● 성냥개비는 모두 몇 개인지 곱셈식으로 나타내 볼까요?

덧셈식 $7+7+7+7+7+7=42$

6번

곱셈식 $7×6=42$

 성냥개비는 7개씩 6상자이니까 7씩 6묶음이고 7의 6배야.

1~6 그림을 보고 ☐ 안에 알맞은 수를 써넣으세요.

1

덧셈식 $5+5+5=$ ☐

곱셈식 $5×$ ☐ $=$ ☐

2

덧셈식 $4+4+4=$ ☐

곱셈식 $4×$ ☐ $=$ ☐

3

덧셈식 $2+2+2+2+2=$ ☐

곱셈식 $2×$ ☐ $=$ ☐

4

덧셈식 $3+3+3+3=$ ☐

곱셈식 $3×$ ☐ $=$ ☐

5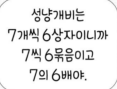

덧셈식 $8+8+8=$ ☐

곱셈식 $8×$ ☐ $=$ ☐

6

덧셈식 $7+7+7+7=$ ☐

곱셈식 $7×$ ☐ $=$ ☐

7 $3+3+3+3+3+3+3=\boxed{}$ ➡ $3\times\boxed{}=\boxed{}$

8 $5+5+5+5+5+5+5=\boxed{}$ ➡ $5\times\boxed{}=\boxed{}$

9 $4+4+4+4+4+4+4+4+4=\boxed{}$ ➡ $4\times\boxed{}=\boxed{}$

10 $9+9+9+9+9+9+9+9=\boxed{}$ ➡ $9\times\boxed{}=\boxed{}$

11 $2+2+2=\boxed{}$ ➡ $2\times\boxed{}=\boxed{}$

12 $6+6+6+6+6+6+6+6+6=\boxed{}$ ➡ $6\times\boxed{}=\boxed{}$

13 $8+8+8+8+8+8=\boxed{}$ ➡ $8\times\boxed{}=\boxed{}$

14 $7+7+7+7+7+7+7+7=\boxed{}$ ➡ $7\times\boxed{}=\boxed{}$

15 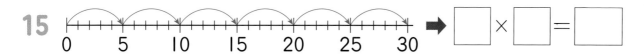 ➡ □ × □ = □

16 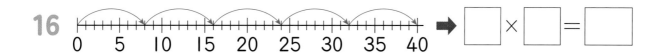 ➡ □ × □ = □

17 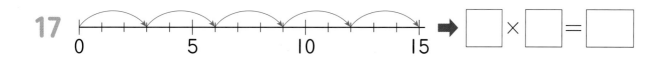 ➡ □ × □ = □

18 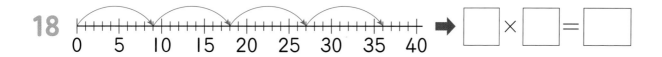 ➡ □ × □ = □

19  ➡ □ × □ = □

한 묶음에 6권인 공책이 7묶음 있습니다. 공책은 모두 몇 권인가요?

6의 7배 ➡ 6+□+□+□+□+□+□ = □

➡ 6×□ = □

따라서 공책은 모두 □ 권입니다.   답 □ 권

일기

다음은 혁수가 쓴 일기입니다. 일기를 읽고 □ 안에 알맞은 수를 써넣으세요.

2000년 ▲월 ★일 금요일　　　　날씨

내일은 슬기의 생일이다.

생일 선물로 사탕을 사러 가게에 갔다.

한 봉지에 5개씩 들어 있는 사탕을 5봉지 샀다.

사탕은 모두 5 × □ = □ (개)였다.

사탕을 받고 좋아할 슬기를 생각하니 마음이 뿌듯했다.

교과서 곱셈

마무리 연산

1~2 모두 몇 개인지 묶어 세어 보세요.

1

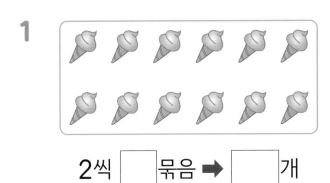

2씩 ☐ 묶음 ➡ ☐ 개

2

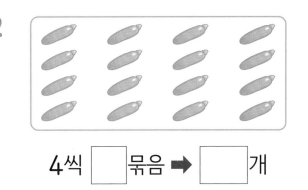

4씩 ☐ 묶음 ➡ ☐ 개

3~4 두 가지 방법으로 묶어 세어 보세요.

3

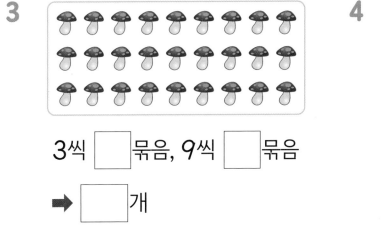

3씩 ☐ 묶음, 9씩 ☐ 묶음

➡ ☐ 개

4

3씩 ☐ 묶음, 6씩 ☐ 묶음

➡ ☐ 개

5~6 그림을 보고 ☐ 안에 알맞은 수를 써넣으세요.

5

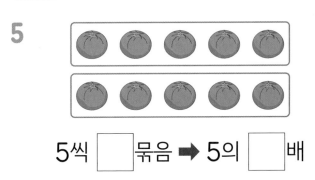

5씩 ☐ 묶음 ➡ 5의 ☐ 배

6

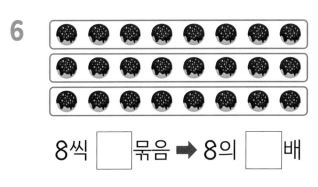

8씩 ☐ 묶음 ➡ 8의 ☐ 배

7

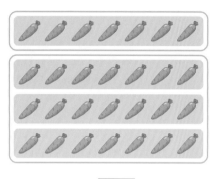

21은 7의 ☐ 배입니다.

8

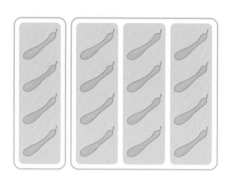

12는 4의 ☐ 배입니다.

9

5의 ☐ 배 ➡ 5 × ☐

10

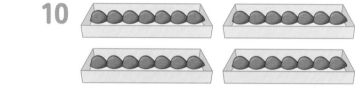

7의 ☐ 배 ➡ 7 × ☐

11

덧셈식 8+8=☐

곱셈식 8 × ☐ = ☐

12

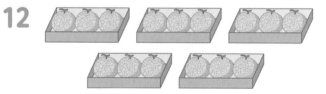

덧셈식 3+3+3+3+3=☐

곱셈식 3 × ☐ = ☐

13

0 5 10 15 20 25 ➡ ☐ × ☐ = ☐

14

0 5 10 15 20 25 ➡ ☐ × ☐ = ☐

15 자전거가 24대 있습니다. 바르게 말한 사람의 이름을 모두 써 보세요.

> [현수] 자전거를 3대씩 묶으면 8묶음이야.
> [예영] 자전거의 수는 6, 12, 18, 24로 세어 볼 수 있어.
> [준한] 자전거의 수는 4씩 7묶음이야.

(,   )

16 □ 안에 알맞은 수를 쓰고, 선으로 이어 보세요.

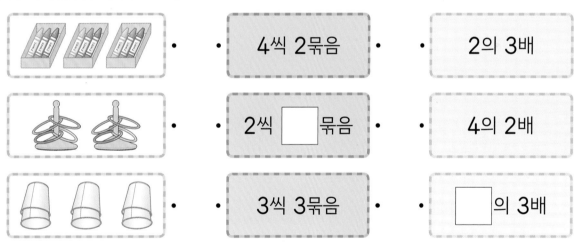

17 곱셈식으로 나타내어 구한 곱이 다른 하나는 어느 것입니까? (   )

① 3×6   ② 2 곱하기 9   ③ 6의 3배

④ 9씩 2묶음   ⑤ 4×4

18 | 도영이가 친구에게 주려고 만든 과자입니다. 도영이가 만든 과자는 모두 몇 개인지 4씩 묶어 세어 보세요.

19 | 배가 4개, 레몬이 16개 있습니다. 레몬의 수는 배의 수의 몇 배인가요?

20 | 책상 위에 볼펜이 7자루씩 5묶음 있습니다. 책상 위에 있는 볼펜은 모두 몇 자루인지 곱셈식으로 나타내고, 답을 구해 보세요.

 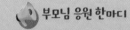

쏙셈

바른답과 학부모 가이드

3권 (2학년 1학기)

하루 한장 쏙셈의 효율적인 학습을 위한 특별 제공

❶

"바른답과 학부모 가이드"의 앞표지를 넘기면 '학습 계획표'가 있어요. 아이와 함께 학습 계획을 세워 보세요.

❷

"바른답과 학부모 가이드"의 뒤표지를 앞으로 넘기면 '붙임 학습판'이 있어요. 붙임딱지를 붙여 붙임 학습판의 그림을 완성해 보세요.

❸

그날의 학습이 끝나면 '정답 확인' QR 코드를 찍어 학습 인증을 하고 하루템을 모아 보세요.

쏙셈 3권(2-1) 학습 계획표

주차	교과서	학습 내용	학습 계획일	맞힌 개수	목표 달성도
1주	세 자리 수	❶ 백, 몇백 알아보기	월 일	/29	☺☺☺☺☺
		❷ 세 자리 수 알아보기	월 일	/21	☺☺☺☺☺
		❸ 각 자리의 숫자가 나타내는 수 알아보기	월 일	/21	☺☺☺☺☺
		❹ 뛰어 세기	월 일	/17	☺☺☺☺☺
		❺ 두 수의 크기 비교(1)	월 일	/30	☺☺☺☺☺
2주		❻ 두 수의 크기 비교(2)	월 일	/29	☺☺☺☺☺
		마무리 연산	월 일	/33	☺☺☺☺☺
	덧셈과 뺄셈	❶ 여러 가지 방법으로 덧셈하기	월 일	/18	☺☺☺☺☺
		❷ 받아올림이 있는 (두 자리 수)+(한 자리 수)(1)	월 일	/33	☺☺☺☺☺
		❸ 받아올림이 있는 (두 자리 수)+(한 자리 수)(2)	월 일	/35	☺☺☺☺☺
3주		❹ 일의 자리에서 받아올림이 있는 (두 자리 수)+(두 자리 수)(1)	월 일	/33	☺☺☺☺☺
		❺ 일의 자리에서 받아올림이 있는 (두 자리 수)+(두 자리 수)(2)	월 일	/34	☺☺☺☺☺
		❻ 십의 자리에서 받아올림이 있는 (두 자리 수)+(두 자리 수)(1)	월 일	/34	☺☺☺☺☺
		❼ 십의 자리에서 받아올림이 있는 (두 자리 수)+(두 자리 수)(2)	월 일	/35	☺☺☺☺☺
		❽ 받아올림이 두 번 있는 (두 자리 수)+(두 자리 수)(1)	월 일	/33	☺☺☺☺☺
4주		❾ 받아올림이 두 번 있는 (두 자리 수)+(두 자리 수)(2)	월 일	/36	☺☺☺☺☺
		❿ 여러 가지 방법으로 뺄셈하기	월 일	/19	☺☺☺☺☺
		⓫ 받아내림이 있는 (두 자리 수)−(한 자리 수)(1)	월 일	/34	☺☺☺☺☺
		⓬ 받아내림이 있는 (두 자리 수)−(한 자리 수)(2)	월 일	/35	☺☺☺☺☺
		⓭ 받아내림이 있는 (몇십)−(두 자리 수)(1)	월 일	/33	☺☺☺☺☺
		⓮ 받아내림이 있는 (몇십)−(두 자리 수)(2)	월 일	/35	☺☺☺☺☺
5주		⓯ 받아내림이 있는 (두 자리 수)−(두 자리 수)(1)	월 일	/34	☺☺☺☺☺
		⓰ 받아내림이 있는 (두 자리 수)−(두 자리 수)(2)	월 일	/33	☺☺☺☺☺
		⓱ 세 수의 덧셈	월 일	/29	☺☺☺☺☺
		⓲ 세 수의 뺄셈	월 일	/29	☺☺☺☺☺
		⓳ 세 수의 덧셈과 뺄셈	월 일	/29	☺☺☺☺☺
6주		⓴ 덧셈과 뺄셈의 관계(1)	월 일	/19	☺☺☺☺☺
		㉑ 덧셈과 뺄셈의 관계(2)	월 일	/20	☺☺☺☺☺
		㉒ 덧셈식에서 □의 값 구하기(1)	월 일	/30	☺☺☺☺☺
		㉓ 덧셈식에서 □의 값 구하기(2)	월 일	/27	☺☺☺☺☺
		㉔ 뺄셈식에서 □의 값 구하기(1)	월 일	/28	☺☺☺☺☺
7주		㉕ 뺄셈식에서 □의 값 구하기(2)	월 일	/27	☺☺☺☺☺
		마무리 연산	월 일	/36	☺☺☺☺☺
	곱셈	❶ 묶어 세기(1)	월 일	/18	☺☺☺☺☺
		❷ 묶어 세기(2)	월 일	/17	☺☺☺☺☺
		❸ 몇의 몇 배 알아보기(1)	월 일	/26	☺☺☺☺☺
		❹ 몇의 몇 배 알아보기(2)	월 일	/19	☺☺☺☺☺
8주		❺ 곱셈식(1)	월 일	/22	☺☺☺☺☺
		❻ 곱셈식(2)	월 일	/20	☺☺☺☺☺
		마무리 연산	월 일	/20	☺☺☺☺☺

바른답과
학부모 가이드

3권 (2학년 1학기)

※ 예쁜 붙임딱지를 붙이면서 하루 한장과 함께 즐겁게 공부해 보세요!

1주 1일차 ❶ 백, 몇백 알아보기

1 100   **3** 200

2 400   **4** 700

---

5 칠백   **11** 500   **17** 사백

6 200   **12** 육백   **18** 300

7 백   **13** 900   **19** 팔백

8 400   **14** 삼백   **20** 100

9 구백   **15** 600   **21** 오백

10 800   **16** 이백   **22** 700

---

23 400   **26** 700

24 600   **27** 500

25 900   **28** 800

연산
300 / 300 🅐 300

연산
놀이터 답

1주 2일차 ❷ 세 자리 수 알아보기

1 1, 5, 9 / 159

2 2, 6, 7 / 267

---

3 136   **8** 2 / 6 / 4

4 287   **9** 3 / 4 / 5

5 852   **10** 5 / 6 / 1

6 450   **11** 7 / 8 / 2

7 623   **12** 9 / 1 / 8

---

13 백칠십삼   **17** 536

14 삼백오   **18** 687

15 팔백오십   **19** 254

16 사백육십팔   **20** 911

연산
7, 5, 9 / 7, 5, 9, 759 🅐 759

연산
놀이터 답

1 5 / 5　　　**3** 300, 6 / 300, 6

2 80, 2 / 80, 2　　　**4** 800, 90 / 800, 90

---

5 2, 5 / 60　　　**9** 9, 0, 3 / 900, 0, 3

6 7 / 300, 1　　　**10** 4, 4, 6 / 400, 40, 6

7 6, 8 / 600, 80　　　**11** 8, 2, 2 / 800, 20, 2

8 1, 7 / 10, 7　　　**12** 7, 3, 9 / 700, 30, 9

---

13 70에 ○표　　　**17** 1에 ○표

14 900에 ○표　　　**18** 20에 ○표

15 4에 ○표　　　**19** 500에 ○표

16 60에 ○표　　　**20** 3에 ○표

800 / 8　답 800, 8

　답 이루비

풀이 ① 343에서 3은 백의 자리 숫자이므로
3이 나타내는 수는 300입니다. → 이
② 564에서 4는 일의 자리 숫자이므로
4가 나타내는 수는 4입니다. → 루
③ 752에서 5는 십의 자리 숫자이므로
5가 나타내는 수는 50입니다. → 비
따라서 도둑의 이름은 이루비입니다.

1 700, 800

2 450, 460

3 764, 766

---

4 140, 150, 160

5 511, 514, 515

6 467, 667, 767

7 833, 843, 863

8 622, 623, 625

9 749, 759, 769

10 512, 612, 712

---

11 923, 925 / 1　　　**14** 608, 708 / 100

12 577, 587 / 10　　　**15** 219, 249 / 10

13 761, 961 / 100　　　**16** 806, 807 / 1

10 / 754, 764, 774, 784　답 774

　답

풀이 310부터 1씩 뛰어 세어 봅니다.
310-311-312-313-314-
315-316-317-318-319-
320-321-322-323-324-
325-326-327-328-329-
330-331-332-333-334

1   4, 2, 0 / <
2   3, 1, 7 / >
3   7, 3, 5 / 7, 3, 9 / <
4   5, 9, 0 / 5, 0, 9 / >

5   >
6   <
7   >
8   <
9   <
10 >
11 <
12 <

13 >
14 >
15 <
16 >
17 >
18 <
19 >
20 <

21 263
22 642
23 281
24 896
25 410

26 739
27 427
28 515
29 614
30 925

연산 놀이터   답

1   4, 2, 9 / >
2   6, 8, 1 / >
3   1, 4, 1 / 1, 4, 2 / <
4   2, 2, 5 / 2, 5, 2 / <

5   <
6   >
7   <
8   >
9   >
10 >
11 <
12 >

13 <
14 >
15 >
16 <
17 <
18 >
19 <
20 <

21 514
22 883
23 390
24 259

25 150
26 428
27 562
28 781

 연산
319, 324 / 319, <, 324, 위인전
답 위인전

연산 놀이터   답 ③
풀이

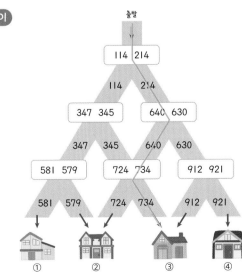

출발
114 214
114   214
347 345   640 630
347 345   640 630
581 579   724 734   912 921
581 579   724 734   912 921
①   ②   ③   ④

3

1	사백	**2**	300	**3**	칠백
4	200	**5**	오백	**6**	600
7	172	**8**	629	**9**	3 / 1 / 6

10 8 / 9 / 7 **11** 4, 6, 3 / 400, 60, 3

12 7, 4, 1 / 700, 40, 1

13	486, 586	**14**	766, 776
15	533, 535	**16**	395, 405
17	<	**18**	>

19 <

20	<	**21**	278	**22**	402
23	562	**24**	859	**25**	㉣
26	㉡	**27**	>	**28**	<

29 661 / 568 **30** 500장

31 276개 **32** 863 **33** 동규

26 숫자 4가 40을 나타내는 수는 십의 자리 숫자가 4인 ㉡ 741입니다.

27 칠백오십사 → 754, 칠백사십오 → 745
➡ 754>745

28 삼백구십일 → 391, 삼백구십이 → 392
➡ 391<392

29 백의 자리 수를 비교하면 5<6이므로 가장 작은 수는 568입니다.
659와 661은 백의 자리 수가 같으므로 십의 자리 수를 비교하면 5<6입니다.
따라서 가장 큰 수는 661입니다.

30 100이 5개이면 500이므로 색종이는 모두 500장입니다.

31 100개씩 2상자: 200개
　10개씩 7봉지: 70개 ── 276개
　낱개로 6개: 6개
따라서 사과는 모두 276개입니다.

32 563−663−763−863
따라서 563부터 100씩 3번 뛰어 센 수는 863입니다.

33 128<134이므로 동규가 책을 더 많이 읽었습니다.

📖 교과서 **덧셈과 뺄셈**

2주 3일차　❶ 여러 가지 방법으로 덧셈하기

1	21	**3**	20
2	20	**4**	21

5 예 / 24

6 예 / 33

7 예 / 23

8 예 / 31

9 (위에서부터) 51 / 10

10 (위에서부터) 71 / 20

11 (위에서부터) 45 / 10

12 (위에서부터) 52 / 10

13 (위에서부터) 45 / 20

14	40 / 40	**16**	31 / 31
15	41 / 41	**17**	36 / 36

연산+
18, 22 / 40 / 40 / 40 답 40

연산 놀이터　답

1	42	3	30	5	73
2	23	4	58	6	82

7	31	12	55	17	64
8	62	13	80	18	46
9	92	14	34	19	92
10	41	15	22	20	51
11	73	16	90	21	94

22	24	29	62
23	31	30	46
24	94	31	37
25	40	32	50
26	71	33	72
27	63		
28	85		

 답 지은

풀이 [태우] 17+8=25
　　　[지은] 39+5=44

태우의 놀이판

16	42	39	7	✕
48	34	22	✕	✕
11	9	17	43	26
2	✕	✕	45	✕
50	✕	15	37	24

지은이의 놀이판

10	✕	21	1	8
23	✕	35	50	20
✕	26	✕	16	✕
30	44	40	33	15
✕	✕	12	19	2

따라서 빙고 놀이에서 이긴 사람은 지은이
입니다.

1	21	4	93	7	32
2	44	5	60	8	52
3	70	6	81	9	76

10	36	15	27	20	53
11	40	16	72	21	62
12	63	17	81	22	94
13	55	18	30	23	34
14	91	19	41	24	22
				25	87
				26	70

27	77	31	42
28	60	32	84
29	33	33	50
30	91	34	24

 연산

24. 9 / 24. 9. 33 답 33

 답

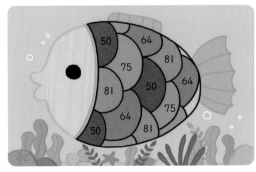

풀이 ・45+5=50 → 빨간색
　　　・56+8=64 → 파란색
　　　・74+7=81 → 주황색
　　　・69+6=75 → 초록색

1	41	3	60	5	64
2	74	4	91	6	83

7	71	12	53	17	92
8	52	13	91	18	41
9	66	14	80	19	77
10	81	15	32	20	90
11	90	16	73	21	75

22	45	29	90
23	62	30	81
24	84	31	85
25	66	32	52
26	83	33	90
27	71		
28	86		

 답 죽마고우

풀이 ① 55＋25＝80 → 죽
② 38＋32＝70 → 마
③ 27＋46＝73 → 고
④ 19＋53＝72 → 우
따라서 완성된 사자성어는 '죽마고우'입니다.

1	41	4	92	7	82
2	81	5	91	8	37
3	64	6	70	9	63

10	72	15	97	20	81
11	82	16	74	21	51
12	90	17	92	22	86
13	81	18	71	23	73
14	50	19	75	24	75
				25	43
				26	92

27	75	31	(위에서부터) 62 / 51
28	56	32	(위에서부터) 81 / 42
29	91	33	(위에서부터) 70 / 65
30	81		

28. 32 / 28. 32. 60 답 60

 답

1	103	3	128	5	144
2	119	4	117	6	129

7	108	12	136	17	103
8	125	13	178	18	117
9	106	14	165	19	128
10	109	15	119	20	157
11	128	16	107	21	147

22	125	29	131
23	112	30	125
24	116	31	108
25	144	32	159
26	153	33	134
27	145	34	117
28	115		

 연산 놀이터 답

풀이 · 27+91=118 · 18+90=108
· 45+81=126 · 38+90=128

1	116	4	104	7	109
2	126	5	138	8	115
3	179	6	158	9	114

10	113	15	168	20	159
11	105	16	111	21	148
12	176	17	119	22	155
13	128	18	135	23	125
14	157	19	107	24	108
				25	139
				26	114

27	106	31	119 / 106
28	114	32	108 / 107
29	109	33	115 / 156
30	129	34	129 / 108

연산 55, 52 / 55, 52, 107 답 107

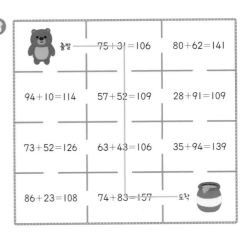 연산 놀이터 답

풀이 · 75+31=106 · 80+62=142
· 94+10=104 · 57+52=109
· 28+91=119 · 73+52=125
· 63+43=106 · 35+94=129
· 86+23=109 · 74+83=157

1	115	3	162	5	133
2	104	4	131	6	100

7	106	12	130	17	101
8	123	13	141	18	114
9	113	14	183	19	112
10	120	15	104	20	152
11	154	16	112	21	133

22	117	29	114
23	150	30	150
24	102	31	120
25	123	32	141
26	133	33	142
27	103		
28	170		

  답 6013

풀이 ① 68+88=15<u>6</u> → 6
② 37+65=1<u>0</u>2 → 0
③ 95+47=1<u>4</u>2 → 1
④ 76+54=1<u>3</u>0 → 3
따라서 비밀번호는 6013입니다.

1	110	4	155	7	120
2	132	5	171	8	154
3	127	6	172	9	108

10	103	15	101	20	113
11	114	16	133	21	102
12	125	17	111	22	171
13	114	18	156	23	120
14	143	19	124	24	172
				25	111
				26	141

27	142	32	100, 141
28	132	33	142, 175
29	151	34	162, 121
30	118	35	123, 151
31	132		

76, 68 / 76, 68, 144 답 144

  답 최수영

풀이 ① 56+79=135 → 최
② 49+92=141 → 수
③ 85+38=123 → 영
따라서 도둑의 이름은 최수영입니다.

1 8

2 9

3 18

4 18

5 (예)
 / 5

6 (예) / 18

7 (예) / 7

8 (예) / 19

9 (예) / 28

10 (위에서부터) 18 / 10

11 (위에서부터) 9 / 10

12 (위에서부터) 12 / 20

13 (위에서부터) 14 / 10

14 (위에서부터) 25 / 20

15 16 / 16

16 12 / 12

17 13 / 13

18 11 / 11

30. 15 / 15 / 15 / 15 답 15

1 15

2 26

3 58

4 66

5 89

6 78

7 14

8 38

9 65

10 29

11 59

12 45

13 87

14 77

15 38

16 66

17 29

18 49

19 56

20 87

21 77

22 34

23 55

24 79

25 26

26 89

27 35

28 79

29 19

30 28

31 56

32 45

33 67

34 88

답

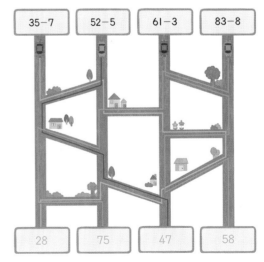

| 35−7 | 52−5 | 61−3 | 83−8 |

| 28 | 75 | 47 | 58 |

풀이 · 35−7=28   · 52−5=47
· 61−3=58   · 83−8=75

1 26	**4** 39	**7** 83
2 16	**5** 59	**8** 29
3 49	**6** 67	**9** 78

10 19	**15** 32	**20** 25
11 23	**16** 79	**21** 49
12 48	**17** 58	**22** 56
13 65	**18** 77	**23** 68
14 59	**19** 25	**24** 36
		25 17
		26 89

27 28	**31** 37
28 73	**32** 68
29 47	**33** 53
30 68	**34** 83

 연산

21. 5 / 21. 5. 16 답 16

연산
놀이터 답 (위에서부터) ㉢, ㉡ / ㉠, ㉣

풀이 [해수] 25-6=19 → ㉢
[현지] 35-8=27 → ㉡
[현범] 54-9=45 → ㉠
[연주] 63-6=57 → ㉣

1 7	**3** 13	**5** 18
2 21	**4** 35	**6** 34

7 39	**12** 21	**17** 6
8 6	**13** 34	**18** 4
9 32	**14** 43	**19** 11
10 8	**15** 27	**20** 46
11 17	**16** 12	**21** 39

22 36	**29** 19
23 13	**30** 12
24 5	**31** 25
25 27	**32** 13
26 8	**33** 28
27 41	
28 24	

 연산
놀이터 답 25 g

풀이 (양배추와 대파의 무게의 차)
=60-35=25 (g)

10

1	21	4	38	7	26
2	33	5	37	8	14
3	5	6	9	9	32

10	3	15	17	20	76
11	11	16	25	21	4
12	42	17	18	22	2
13	56	18	32	23	29
14	18	19	33	24	41
				25	15
				26	7

27	17	31	6 / 47
28	12	32	15 / 13
29	41	33	38 / 32
30	14	34	29 / 14

 연산⁺

50, 35 / 50, 35, 15 답 15

 연산놀이터 답 23, 11, 46

풀이 ① 50−27=23
② 30−19=11
③ 80−34=46

1	12	3	49	5	9
2	26	4	38	6	67

7	29	12	39	17	38
8	49	13	19	18	34
9	58	14	28	19	16
10	16	15	48	20	24
11	29	16	5	21	29

22	18	29	14
23	39	30	35
24	29	31	39
25	23	32	28
26	18	33	49
27	28	34	18
28	48		

 연산놀이터 답

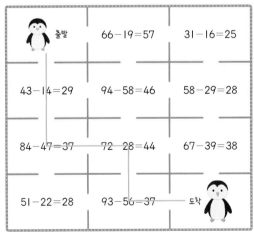

풀이
· 66−19=47   · 31−16=15
· 43−14=29   · 94−58=36
· 58−29=29   · 84−47=37
· 72−28=44   · 67−39=28
· 51−22=29   · 93−56=37

11

1	29	4	29	7	39
2	45	5	48	8	7
3	17	6	28	9	39

10	4	15	28	20	7
11	35	16	16	21	49
12	49	17	46	22	37
13	59	18	29	23	46
14	34	19	35	24	38
				25	26
				26	27

27	29	30	(위에서부터) 27 / 49
28	35	31	(위에서부터) 38 / 19
29	54	32	(위에서부터) 17 / 36

42. 15 / 42. 15. 27   **답** 27

 답 (위에서부터) ㉡, ㉣ / ㉠, ㉢

풀이
- 42−18=24 → ㉡
- 64−28=36 → ㉣
- 57−39=18 → ㉠
- 73−45=28 → ㉢

(왼쪽에서부터)

1	26. 30. 30	4	40. 11. 40
2	35. 43. 43	5	52. 18. 52
3	64. 73. 73	6	90. 33. 90

7	56	14	59
8	73	15	63
9	51	16	50
10	70	17	68
11	92	18	78
12	87	19	76
13	73	20	82

21	48	25	74
22	54	26	90
23	71	27	67
24	70	28	82

24. 9. 16 / 24. 9. 16. 49   **답** 49

 답 범규

풀이 [혜미] 25+35+17=77(점)
[범규] 19+35+26=80(점)
→ 77<80이므로 전체 점수가 더 높은 사람은 범규입니다.

12

(왼쪽에서부터)

1	28, 17, 17	4	16, 3, 3
2	25, 8, 8	5	29, 15, 15
3	47, 39, 39	6	36, 17, 17

7	15	14	9
8	9	15	37
9	11	16	8
10	16	17	28
11	19	18	18
12	29	19	14
13	16	20	35

21	31	25	19
22	19	26	29
23	24	27	27
24	25	28	9

 연산 34, 6, 9 / 34, 6, 9, 19 답 19

 연산 놀이터 답 ②

풀이

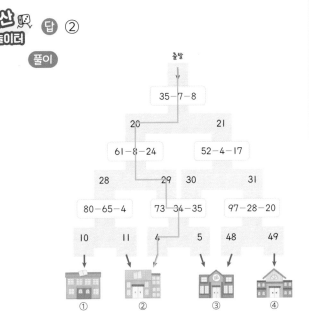

출발
35−7−8
20   21
61−8−24   52−4−17
28   29   30   31
80−65−4   73−34−35   97−28−20
10   11   4   5   48   49
① ② ③ ④

(왼쪽에서부터)

1	40, 27, 27	4	18, 44, 44
2	51, 29, 29	5	39, 70, 70
3	53, 34, 34	6	37, 51, 51

7	19	14	67
8	14	15	70
9	29	16	82
10	68	17	78
11	29	18	86
12	22	19	81
13	32	20	61

21	36	25	43
22	29	26	53
23	19	27	77
24	26	28	65

 연산 25, 9, 5 / 25, 9, 5, 29 답 29

 연산 놀이터 답

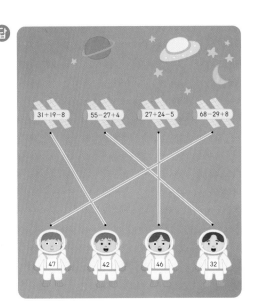

31+19−8   55−27+4   27+24−5   68−29+8

47   42   46   32

풀이
· 31+19−8=42
· 55−27+4=32
· 27+24−5=46
· 68−29+8=47

13

1 5 / 23

2 41 / 13

3 26 / 19

4 44 / 15

5 26, 8 / 34, 26

6 32, 9 / 41, 32

7 50, 22 / 22, 28

8 59, 3 / 62, 59

9 72, 24 / 24, 48

10 14, 33 / 19, 33

11 5, 21 / 16, 21

12 7, 42 / 35, 42

13 29, 55 / 26, 55

14 36, 80 / 44, 80

15 24 / 24, 16 / 24, 8

16 29 / 29, 40 / 11, 40

17 19 / 17, 19 / 36, 17

18 61 / 28, 61 / 33, 61

19 57 / 57, 15 / 72, 57

연산 놀이터 답

1 8 / 22

2 40 / 12

3 46 / 6

4 20 / 16

5 35 / 17

6 48 / 29

7 13, 9 / 22, 13

8 37, 7 / 44, 37

9 61, 36 / 36, 25

10 65, 19 / 19, 46

11 54, 29 / 83, 54

12 19, 25 / 6, 25

13 14, 43 / 29, 43

14 36, 53 / 17, 53

15 27, 74 / 47, 74

16 68, 82 / 14, 82

17 15, 32 / 17, 32 / 32, 17 / 32, 15

18 8, 44 / 36, 44 / 44, 8 / 44, 36

19 29, 53 / 24, 53 / 53, 24 / 53, 29

연산
37, 71, 37, 34, 71 /
71, 37, 71, 37, 34

답 덧셈식 37, 71, 37, 34, 71
뺄셈식 71, 37, 71, 37, 34

연산 놀이터 답 인형

풀이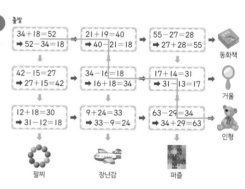

출발
34+18=52 → 52−34=18
21+19=40 → 40−21=18
55−27=28 → 27+28=55
42−15=27 → 27+15=42
34−16=18 → 16+18=34
17+14=31 → 31−13=17
12+18=30 → 31−12=18
9+24=33 → 33−9=24
63−29=34 → 34+29=63

동화책 / 거울 / 인형
팔찌 / 장난감 / 퍼즐

• 34+18=52 → 52−34=18
• 21+19=40 → 40−21=19
• 55−27=28 → 27+28=55
• 42−15=27 → 27+15=42
• 34−16=18 → 16+18=34
• 17+14=31 → 31−14=17
• 12+18=30 → 30−12=18
• 9+24=33 → 33−9=24
• 63−29=34 → 34+29=63

1 13

3 23

2 29

4 28

---

5 8

12 15

6 5

13 6

7 17

14 24

8 12

15 17

9 28

16 9

10 19

17 37

11 58

18 43

---

19 18

25 29

20 29

26 17

21 37

27 39

22 24

28 25

23 38

29 47

24 62

30 49

 답 이영준

풀이 ① 14+□=80
→ 80-14=□, □=66 ➡ 이
② □+37=62
→ 62-37=□, □=25 ➡ 영
③ 56+□=93
→ 93-56=□, □=37 ➡ 준
따라서 도둑의 이름은 이영준입니다.

1 29

4 14

2 6

5 37

3 19

6 38

---

7 16

14 18

8 8

15 15

9 15

16 28

10 18

17 5

11 28

18 29

12 17

19 7

13 29

20 17

(왼쪽에서부터)

21 19, 34

24 65, 25

22 43, 80

25 29, 33

23 27, 73

26 39, 14

9, 45 / 9, 45, 45, 9, 36 / 36
답 36

 답 65점, 67점, 58점

풀이 [동규] 26+□=91
→ 91-26=□, □=65
[연주] 27+□=94
→ 94-27=□, □=67
[태우] 37+□=95
→ 95-37=□, □=58

15

1	19	3	40
2	34	4	45

5	5	12	27
6	16	13	31
7	17	14	58
8	9	15	43
9	7	16	33
10	18	17	87
11	24	18	77

19	7	24	30
20	17	25	41
21	29	26	51
22	39	27	63
23	64	28	74

답

1	15	4	42
2	17	5	70
3	48	6	62

7	18	14	40
8	19	15	34
9	59	16	55
10	7	17	32
11	55	18	66
12	59	19	94
13	31	20	86

(왼쪽에서부터)

21	23, 39	24	52, 17
22	28, 42	25	83, 49
23	46, 49	26	63, 39

연산⁺

19, 41 / 19, 41, 41, 19, 60 / 60

답 60

답

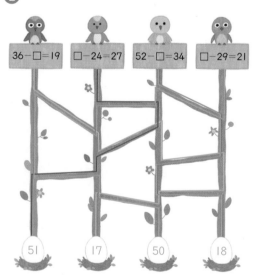

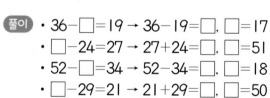

풀이 ・ 36-□=19 → 36-19=□, □=17
・ □-24=27 → 27+24=□, □=51
・ 52-□=34 → 52-34=□, □=18
・ □-29=21 → 21+29=□, □=50

1	41	**2**	16	**3**	23
4	73	**5**	125	**6**	48
7	23	**8**	26	**9**	108
10	101	**11**	56	**12**	25
13	51	**14**	39	**15**	37
16	93	**17**	46, 5 / 51, 46		
18	4, 63 / 59, 63			**19**	38
20	16	**21**	26	**22**	91
23	63	**24**	112	**25**	65
26	35	**27**	㉢		

28 60−16, 83−39에 색칠

29

30 <   **31** <   **32** >

33 26+29=55 / 55개

34 22−13=9 / 9개

35 54+19−27=46 / 46대

36 34−□=19 / 15장

---

31 28+19+15=62, 97−18−14=65
→ 62<65이므로 28+19+15<97−18−14
입니다.

32 64+27−33=58, 32−14+39=57
→ 58>57이므로 64+27−33>32−14+39
입니다.

33 (바구니에 있는 사탕의 수)
=(딸기 맛 사탕의 수)+(멜론 맛 사탕의 수)
=26+29=55(개)

34 (축구공의 수)−(배구공의 수)
=22−13=9(개)

35 (주차장에 남아 있는 자동차의 수)
=(처음 자동차의 수)+(더 들어온 자동차의 수)
−(빠져 나간 자동차의 수)
=54+19−27=46(대)

36 혜미가 친구에게 준 색종이를 □장이라고 하면
34−□=19 → 34−19=□, □=15
따라서 혜미가 친구에게 준 색종이는 15장입니다.

📖 교과서 **곱셈**

1	3 / 12, 12	**3**	4 / 4, 6, 8, 8
2	4 / 6, 9, 12, 12	**4**	3 / 12, 18, 18

5	5, 20	**9**	5, 25
6	8, 16	**10**	2, 18
7	4, 28	**11**	7, 21
8	4, 24	**12**	4, 32

13	8, 5 / 40	**16**	8, 7 / 56
14	9, 4 / 36	**17**	6, 5 / 30
15	7, 6 / 42	**18**	9, 8 / 72

연산 놀이터 답

1 6, 18

3 2, 10

2 4, 16

4 4, 28

---

5 7, 14

9 2, 12

6 6, 24

10 5, 35

7 4, 20

11 6, 48

8 8, 24

12 3, 27

---

13 ◯ ◯

15 ◯ ◯

14 ◯ ◯

16 ◯ ◯

 연산⁺

4, 7, 28 답 28

 연산 놀이터 답

1 3, 3

4 2, 2

2 4, 4

5 7, 7

3 2, 2

6 4, 4

---

7 2, 2

11 5, 5

8 7, 7

12 6, 6

9 4, 4

13 3, 3

10 3, 3

14 3, 3

---

15 4, 4

21 2, 6

16 5, 7

22 6, 5

17 9, 6

23 7, 2

18 7, 8

24 5, 5

19 3, 3

25 9, 4

20 8, 6

26 4, 8

 연산 놀이터 답

풀이 · 4씩 7묶음 → 4의 7배 ➡ 빨간색
· 6씩 4묶음 → 6의 4배 ➡ 파란색
· 5씩 8묶음 → 5의 8배 ➡ 주황색
· 9씩 5묶음 → 9의 5배 ➡ 초록색

18

1 2		**3** 5	
2 3		**4** 3	

5 7, 5		**9** 8, 5	
6 7, 4		**10** 8, 4	
7 9, 3		**11** 8, 2	
8 7, 3		**12** 6, 4	

13 3		**16** 3	
14 2		**17** 5	
15 4		**18** 2	

3 / 3 답 3

  답

1 2, 2		**4** 3, 3	
2 3, 3		**5** 2, 2	
3 5, 5		**6** 4, 4	

7 16 / 2, 16		**11** 21 / 3, 21	
8 18 / 3, 18		**12** 20 / 5, 20	
9 16 / 4, 16		**13** 6 / 2, 6	
10 25 / 5, 25		**14** 12 / 6, 12	

15 5+4에 ╳표		**19** 6+8에 ╳표	
16 4 곱하기 6에 ╳표		**20** 9+9에 ╳표	
17 7+7에 ╳표		**21** 8과 9의 곱에 ╳표	
18 2의 5배에 ╳표		**22** 3×6에 ╳표	

 답

		가 2			다 5
		나 4	8		4
라 1	마 6				
바 3	2				사 5
				아 3	6

풀이

[가로 열쇠]

나: 6씩 8묶음
    → 6+6+6+6+6+6+6+6=48
    ➡ 6×8=48

라: 4의 4배 → 4+4+4+4=16 ➡ 4×4=16

바: 8 곱하기 4
    → 8+8+8+8=32 ➡ 8×4=32

아: 9×4 → 9+9+9+9=36 ➡ 9×4=36

[세로 열쇠]

가: 3의 8배 → 3+3+3+3+3+3+3+3=24
        ➡ 3×8=24

다: 9씩 6묶음 → 9+9+9+9+9+9=54
        ➡ 9×6=54

마: 7×9
    → 7+7+7+7+7+7+7+7+7=63
    ➡ 7×9=63

사: 8과 7의 곱 → 8+8+8+8+8+8+8=56
        ➡ 8×7=56

1 15 / 3, 15

4 12 / 4, 12

2 12 / 3, 12

5 24 / 3, 24

3 10 / 5, 10

6 28 / 4, 28

7 21, 7, 21

8 35, 7, 35

9 36, 9, 36

10 72, 8, 72

11 6, 3, 6

12 54, 9, 54

13 48, 6, 48

14 56, 8, 56

15 5, 6, 30

16 8, 5, 40

17 3, 5, 15

18 9, 4, 36

19 3, 9, 27

 6, 6, 6, 6, 6, 6, 42 / 7, 42 / 42

답 42

 답 5, 25

풀이 5의 5배 → 5+5+5+5+5=25
➡ 5×5=25

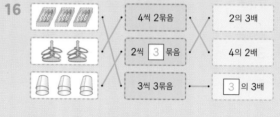

1 6, 12   **2** 4, 16   **3** 9, 3 / 27

4 6, 3 / 18   **5** 2, 2   **6** 3, 3

7 3   **8** 3   **9** 6, 6

10 4, 4   **11** 16 / 2, 16

12 15 / 5, 15   **13** 5, 5, 25

14 6, 4, 24   **15** 현수, 예영

16

	4씩 2묶음	2의 3배
	2씩 [3] 묶음	4의 2배
	3씩 3묶음	[3]의 3배

17 ⑤   **18** 20개   **19** 4배

20 7×5=35 / 35자루

15 [준한] 자전거의 수는 4씩 6묶음입니다.
따라서 바르게 말한 사람은 현수와 예영이입니다.

16 ・ → 3씩 3묶음 ➡ 3의 3배

・ → 4씩 2묶음 ➡ 4의 2배

・ → 2씩 3묶음 ➡ 2의 3배

17 ① 3×6=18(3+3+3+3+3+3=18)
② 2 곱하기 9
　 → 2×9=18
　 (2+2+2+2+2+2+2+2+2=18)
③ 6의 3배 → 6×3=18(6+6+6=18)
④ 9씩 2묶음 → 9×2=18(9+9=18)
⑤ 4×4=16(4+4+4+4=16)
따라서 곱이 다른 하나는 ⑤입니다.

18 4씩 5묶음이므로 도영이가 만든 과자는 모두 20개
입니다.

19 16은 4씩 4묶음입니다. → 16은 4의 4배입니다.
따라서 레몬의 수는 배의 수의 4배입니다.

20 7의 5배 → 7+7+7+7+7=35
　　 ➡ 7×5=35
따라서 볼펜은 모두 35자루입니다.

하루 한장 쏙셈
칭찬 붙임딱지

하루의 학습이 끝날 때마다 칭찬 트리에
붙임딱지를 붙여서 꾸며 보세요.

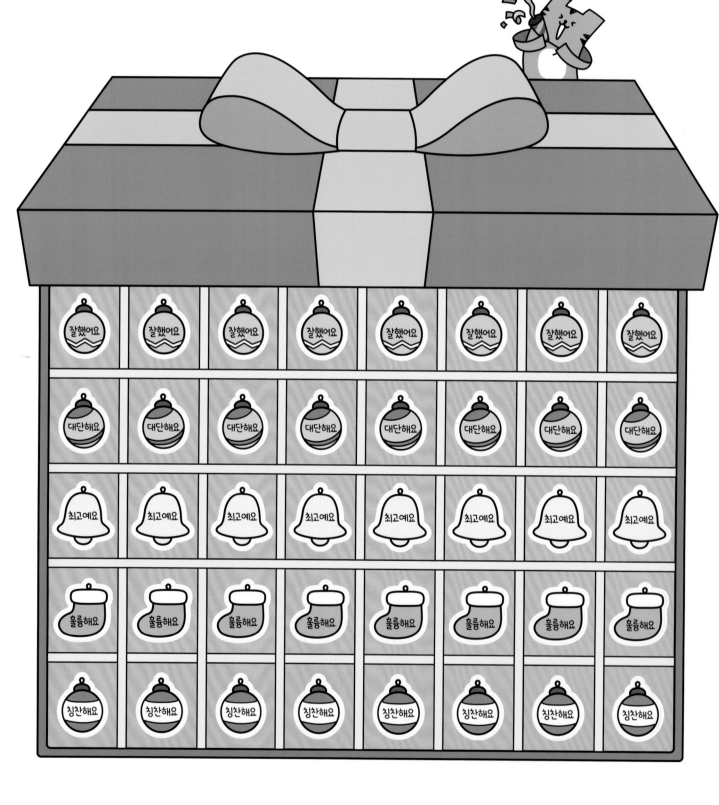

공부 습관을 키우는

_____ 의 칭찬 트리

↖ 이름을 쓰세요.

1주 1일차

1주 2일차

1주 3일차

1주 4일차   1주 5일차

2주 2일차

2주 1일차

2주 3일차   2주 4일차

2주 5일차   3주 1일차

3주 2일차

3주 3일차   3주 5일차   4주 1일차   4주 2일차

3주 4일차

4주 3일차   5주 3일차

5주 2일차

4주 4일차   5주 1일차

5주 4일차   4주 5일차

5주 5일차

6주 1일차   6주 2일차

6주 4일차   6주 3일차

6주 5일차   7주 2일차

7주 1일차

7주 4일차   7주 3일차

7주 5일차   8주 1일차   8주 5일차

8주 2일차   8주 3일차

8주 4일차

칭찬 트리를 완성했을 때의
부모님과의 약속 ♥